石川県能登宝達山の
サンショウウオ物語

— サンショウウオに魅せられて40年 —

秋田 喜憲

東京図書出版

図1　宝達山の位置

宝達山は標高637 m。能登半島の最高峰であるため、山頂に数多くの無線基地がある。またかつて金を産出したため、金坑跡が見られる。

図2　クロサンショウウオの雌雄（右がオス、左がメス）

オスの体は水膨れしたようになり、尾は極端に鰭状となる。メスの腹部は卵巣卵で大きく膨らむ。

図3　産卵中の雌雄（上は産卵中のメス、真ん中はオス、下は産卵に来たメス）

メスが産卵を始めると、周囲のオスは群がって卵嚢に取り付き受精させようとする。

図4　繁殖行動中のイトヨ

大きさは9cm前後。背に3本の棘がある。3月、産卵のため海から用水路に入り、オスは縄張り内の水底に穴を掘って水草などで産卵巣を作る。繁殖期になると、オスの体は背側が青色に、腹側は赤色の婚姻色に変わる。メスが近づくとオスはブルブル体を震わせ、近づいたり離れたりしてメスを産卵巣に誘う。産卵が終わるとメスを追い出し、子育てに専念する。

オス　　　　　　　　　　　　　　メス

図5　ホクリクサンショウウオの雌雄

黒褐色の体に、黒い斑点が散布する。メスの体側には青白色の小点が無数に散布する。オスの尾部後端は鰭状化する。

図6　ホクリクサンショウウオの卵嚢

透明な紐状で、バナナ状に巻く。卵嚢外被に無数の横皺がある。

図7　巨大な幼生

孵化後間もない頃、他の幼生の数倍もある巨大な幼生が現れ、激しく共食いをする。そして7月までに変態上陸する。

図８　防御姿勢をとるホクリクサンショウウオ

外敵が迫ると尾部を空中に反り上げ、体を大きく見せようとする。

図９　改善された産卵場

水路をネットで三面張りし、水の取り入れ口に土砂の流入を防ぐ溜め枡を設置する。

オス　　メス

図10　ヒダサンショウウオの雌雄

雌雄共に尾部は頭胴部より短い。オスの尾部は胴部より長く、後端は鰭状になる。黄色の斑点には個体差がある。

図11　ヒダサンショウウオの卵嚢

卵嚢外被は半透明で丈夫である。光が当たると青色の光彩を放つ。

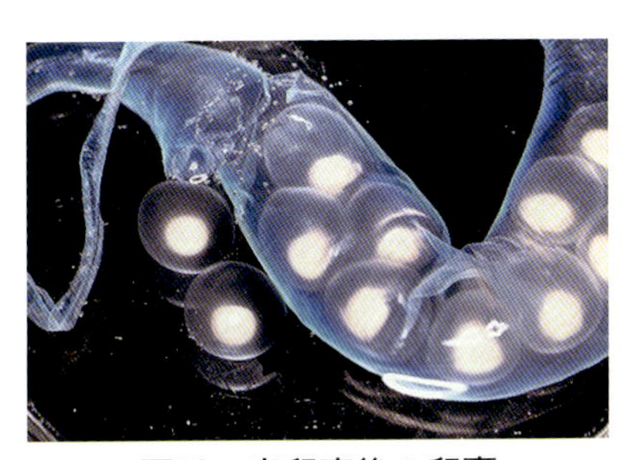

図12　産卵直後の卵嚢

卵嚢外被は非常に軟らかで、青色に輝く。時間とともに外被は硬くなる。

図13　団子状に固まった雌雄

雌雄は粘液を出して団子状に固まる。石をよけても、しばらくは固まったままである。

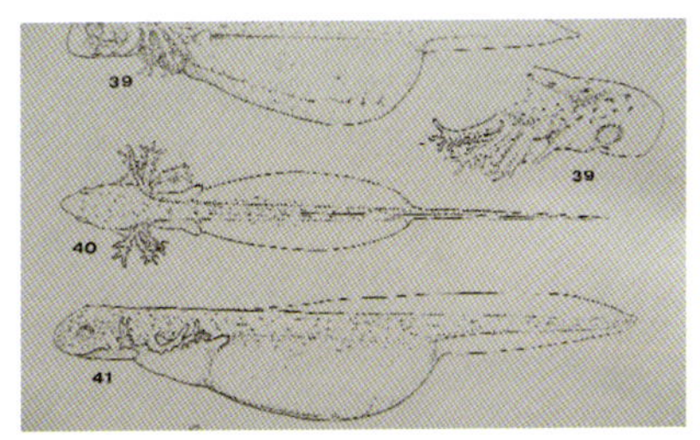

図14　平衡桿が現れた胚

止水産卵性の幼生では、頬部にしばらく体の平衡を保つための平衡桿が現れるが、流水産卵性のヒダサンショウウオでも発生過程の途中で同様の物が現れる。数字は、発生段階を示す。

◀図15　谷川に張ったネット

ネットの周囲を板やむしろで覆い、中に入れないサンショウウオの隠れ場所とした。

オス　　　　　　メス

図16　ハコネサンショウウオの雌雄

オスの尾部は頭胴部よりずっと長いのに対し、メスは短い。繁殖期になるとオスの尾部後方が鰭状になり、後肢の外縁が大きく膨れる。また、雌雄の指に黒爪が現れる。

図17　雌雄の前後肢の掌に現れた黒色の小突起

繁殖期に掌に現れる黒色の小突起は、これまでオスの後肢のみとされていたが、宝達山では雌雄の前後肢の全てに現れる個体がいる（但し、メスの前肢は少ない）。尾部の付け根にある縦列口は総排出口。

図18　地下水中の産卵場

水中の石の下面に垂れ下がる卵嚢。卵嚢の下でメスの到来を待つオス。

図19　ハコネサンショウウオの卵嚢

卵嚢は乳白色をし、非常に丈夫である。１匹のメスは卵嚢２つを産む。

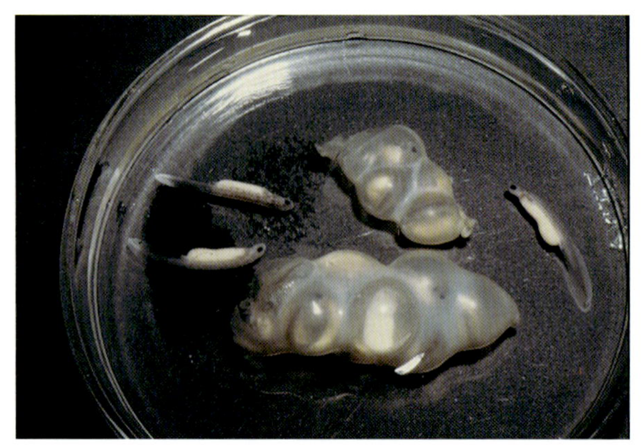

図20　孵化中の幼生

卵嚢外被の一部が溶けて穴が開き、そこから幼生は頭部を突き出して孵化する。孵化直後の幼生の腹部はヒョウタンの形をしているが、しばらくするとふっくらする。腹部の淡黄色は卵黄である。

図21　幼生

流水中を歩けるよう体は平たく、指に黒いかぎ爪がある。また、４肢に逆流を防ぐ小さな襞がある。

図22　産卵場にやって来た雌雄

ネットに遮られて中に入れないため、板下に多数の雌雄が群れている。

はじめに —— 自然の豊かさを示すサンショウウオ

小学校教師であった冬のある日、子供たちは四つ足の異様な生き物と白いアケビ状の物を、得意そうに教室に持ち込んで来た。山の水溜まりで見つけたと言う。見たこともない生き物で、体は水膨れしたように膨らみ、肌はぶよぶよしている。白いアケビ状の物は、一番外側が透明な卵白状物質に包まれているため、手から滑り落ちそうになるくらいぬるぬるしている。クロサンショウウオと卵嚢（らんのう）（卵の入った袋）であった。

子供たちにあれこれ尋ねられ、それに答えようと一所懸命調べているうち、いつしかサンショウウオが好きになっていった。そして、気付いた時にはのめり込んでいた。あれ以来、40年が過ぎようとしている。

サンショウウオと言えば、特別天然記念物のオオサンショウウオがあまりにも有名で、身近にいる20 cmにも満たない小型のサンショウウオ類は、ほとんどその存在を知られていない。そのため、たとえ身近から消え去っても、それに気付く人は少ない。一見ひ弱そうだが、生息する環境に巧妙に適応し、逞しく生きている。調べれば調べるほど、その逞しさや適応能力に驚かされる。

サンショウウオが生きるためには、産卵するためのきれいな水と深い森が必要である。もしこれらがなければ、生きてはいけない。そこにサンショウウオが棲んでいるとなれば、まだまだ豊かな自然が残されている証左である。そのため、自然の豊かさ、度合いを示す重要な指標ともなっている。一見、私たちの生活とは何の関係もない生き物のように見えるが、実際は私たちの生存に深く関わる大切な生き物なのである。

そんな大切な生き物のことを、ぜひ多くの人に知ってもらいたい。そんな思いから、長年携わってきた宝達山とその周辺のサンショウウオ、すなわちクロサンショウウオ、ホクリクサンショウウオ、ヒダサンショウウオ、そしてハコネサンショウウオの４種を取り上げた。

最初に、それぞれのサンショウウオの形態や生態を述べた。身近な生き物でありながら、その姿を目にした人は非常に少ない。あるいは目にしていても、それがサンショウウオだと気付かない人も多い。ましてその生態となると、知っている人は皆無に近い。まずはその姿形や生態を知り、身近な存在として感じ取ってもらいたい。また、環境にどのように適応し、工夫し、巧みに生きているかを知ってもらいたい。そのような思いから、まずは形態と生態を取り上げた。

次いでそれぞれの種が、今どのような状況に置かれているかを述べた。種によって生息環境は異なるが、いずれもが危機的状況に置かれている。そしてその危機の大部分は、私たちが招いたものである。いずれそのしっぺ返しが来るに違いない。いや、既に来ているのかもしれない。したがって、早急な対策が必要である。サンショウウオが今、どのような状況に置かれているのか。まずは現状を知ってもらうことが先決である。そんな思いから、現状とそれがどのようにしてもたらされたのかを述べた。

三番目に、それぞれの種との出会いや調査の思い出を綴った。どのような工夫、方法で生態を解明していったかを記した。素人であるがゆえに、これまで誰もが試みなかった突飛な方法も取った。しかしそれが、却って生態解明に良い結果をもたらしたこともあった。そのような体験を綴った。

また生態の解明は、一朝一夕にできるものではない。長期に及ぶ粘り強い調査が必要で、その間の苦労や喜びも格別である。中でも苦労に苦労を重ね、ようやくにして解決できた時には、その喜びは筆舌に尽くしがたいものがある。そんな体験を記した。

そして最後に、私は宝達山とその周辺のサンショウウオのみに関心が集中し、なぜか他のサンショウウオに目移りすることはなかった。40年もの間、他への関心は全く生まれなかった。なぜであろうか。

自分なりに分析し分かった１つは、サンショウウオを通して郷土の自然を語りたかったことである。そして、サンショウウオと共生できる郷土の自然を守っていきたい。そんな思いがあったからである。

目次

サンショウウオはカエルの仲間

「サンショウウオはイモリ、それともヤモリの仲間？」「サンショウウオって、どれぐらいの大きさ？」「一生、水から離れませんよね？」

私がサンショウウオを調べていると知ると、必ず出される質問である。

サンショウウオはカエルと同じ仲間で、卵は水中に産み付けられ、しばらく水中生活した後、陸に上がる。そのため、水中ではオタマジャクシのように鰓(えら)で呼吸し、陸に上がると肺呼吸に変わる。このように説明すると、「へえっ、サンショウウオは陸に上がるのですか」とびっくりする。井伏鱒二の『山椒魚』や特別天然記念物のオオサンショウウオがあまりにも有名なためか、サンショウウオとは一生水から離れない生き物だと思っている人が多い。

大きさは？　多くの人は、オオサンショウウオほどではないが、それでもある程度の大きさはあるだろうと思っている。

いやいや、そんなに大きくはない。私が調べているサンショウウオは、全長1mを超える特別天然記念物のオオサンショウウオとは異なり、わずか20cmにも満たない小さな生き物である。このように話すと、そんな小さなサンショウウオが身近にいるのかとびっくりする。

サンショウウオは、両生綱（両生類）というグループに属する。両生綱は日本産ではさらに有尾目（サンショウウオ目）と無尾目（カエル目）に分かれる。有尾目には上陸後も尾を失わないサンショウウオやイモリ類が、無尾目には上陸時に尾を消失するカエル類が入る。

両生綱、すなわち両生類は、卵を水中に産み、幼生（オタマジャクシ）は鰓呼吸で生活する。そしてその後、肺呼吸に変わって上陸する。したがって、水場と陸地という両方の環境がなければ生存できない生き物で、両生類という呼び名もここから来ている。また、肺の作りが単純なため、呼吸の全てを肺のみで賄うことができない。不足分は皮膚呼吸で補っている。そのため、ヘビや亀などの爬虫類と異なり、皮膚に鱗はない。したがって、乾燥から皮膚を守る森林が不可欠である。

さて有尾目、すなわちサンショウウオ類であるが、これらは日本産ではさらによく似通ったまとまりのサンショウウオ科、オオサンショウウオ科、そしてイモリ科の３つに分かれる。オオサンショウウオ科は、日本産では特別天然記念物のオオサンショウウオただ１種であり、イモリ科は赤い腹が特徴であるアカハライモリなどが含まれる。

サンショウウオ科は日本産ではさらに細かくキタサンショウウオ属、サンショウウオ属、そしてハコネサンショウウオ属の３つのグループに分かれる。かつて私が調べ始めた40年ほど前は、サンショウウオ科は形態的・生態的特徴から３属15種ほどに分類されていたが、DNAの塩基配列を調べる学問の進展によって、現在では30種近くの存在が明らかになっている。

サンショウウオ科は互いに非常によく似ている。そのため、別種が交じっていても、外見上からは非常に区別がつきにくく、長い間同種と見なされてきたものも多々あった。それがDNAの解析によって、区別が可能になったのである。恐らく今後も新種の発見が続くものと思われる。日本産の両生類は全て体外受精で、メスが産み出した卵にオスが精子をかけ受精させる。

石川県にはハコネサンショウウオ属のハコネサンショウウオ、サンショウウオ属のヒダサンショウウオ、クロサンショウウオ、ホクリクサンショウウオ、そしてアベサンショウウオの５種が生息している。そのうち宝達山とその周辺には、クロサンショウウオ、ホクリクサンショウウオ、ヒダサンショウウオ、ハコネサンショウウオの４種が分布している。宝達山とその周辺は、多種の生存を可能にする豊かな自然に恵まれた環境といえる。

では、４種はそれぞれどのような姿形をし、どのような生き方をしているのであろうか。宝達山とその周辺に生息する４種の形態と生態、それぞれの現状について詳しく見てみたい。またその出会いや思い出などを語りたい。

自然に恵まれた宝達山には４種ものサンショウウオが

宝達山（標高637m）は石川県能登半島の基部に位置し、石川県と富山県にまたがる（口絵・図１）。能登の最高峰で、かつて金を産出した。山頂付近はブナ林であるが、山腹の大部分は杉林である。サンショウウオは先述したように、宝達山とその周辺に４種が生息している。ハコネサンショウウオとヒダサンショウウオは宝達山に、クロサンショウウオは海岸の松林から宝達山頂付近にまで広く分布している。またホクリクサンショウウオは、宝達山山麓の里山からその周辺に限って見られる。

ところで、サンショウウオには溜まり水など流れのない水（止水）に産卵するものと、山地の谷川など流れのある水（流水）に産卵するものがいる。クロサンショウウオとホクリクサンショウウオは止水産卵性の種であり、ハコネサンショウウオとヒダサンショウウオは流水産卵性のサンショウウオである。石川県の南部に生息するもう１種、アベサンショウウオも止水産卵性のサンショウウオである。一方は止水に、他方は流水に産卵するため、そうした産卵環境の違いに合った形態的・生態的特徴を持っている。以下、それぞれのサンショウウオについて語りたい。

1　適応力の高いクロサンショウウオ

全長（口の先から尾の先まで）は、オスが13.8〜19.5cmで平均は

16.3 cm、メスは14.1〜15.9 cm で平均は15.1 cm である。頭胴部（頭と胴を合わせた部位）の大きさは雌雄で変わらないが、オスの尾部は頭胴部よりずっと長く、メスでは短い。そのため、全長ではオスが大きい。その名の通り黒っぽい体をしている（図２）。

本種は、流水産卵性のハコネサンショウウオやヒダサンショウウオとは異なり、溜まり水や溜め池等の止水に産卵する。海岸近くの松林から山頂付近までと、生息域は広い。時には、人家の池や学校のプールに産卵することもある。また山地では、谷川の水が溜まる側溝、谷川の水が溢れてできた水溜まり、土砂採取跡にできた池、あるいはコンクリート製の堰堤など、様々な止水に産卵する。水場に対する選り好みが少なく、適応力が非常に高い。

①真冬に始まる繁殖

繁殖期はその年の積雪量にもよるが、１月上旬から４月上旬の約３カ月間で、平地で早く山地で遅い。平地でも積雪量に左右され、雪が多い年には遅くなる。

林床に広く分散しミミズやクモなどの小動物を捕っていた雌雄は、繁殖期が近づくとともに産卵場となる水場への移動を始める。後述するホクリクサンショウウオは、11月中旬頃に産卵場となる水場近くに移動して休眠する。本種もほぼ同じ頃、産卵場周囲に移動して来るものと思われ、12月下旬に産卵場となる溜め池の周囲を調査したところ、倒木・枯れ枝下などから休眠中の雌雄が発見されている。

◆水中と陸上を行ったり来たりして水生型のオスに

繁殖期が訪れると、オスは何度も陸上と水中とを行ったり来たりする、あたかも迷走するような行動を繰り返す。これを彷徨行動というが、この繰り返しによって体形は引き締まった陸生型から、水中生活に適応した水生型に変わる。頭胴部は水膨れしたように大きく膨らんで扁平となり、ぶよぶよした皮膚に変わる。尾部も著しく平べったくなり、大きく鰭状となる。そのため、あたかもウシガエルのオタマジャクシのような形態となる。

体色も黄土色や緑褐色に変わるものもいて、陸生型とは別種と見誤るほどの変わりようである。オスの総排出口（尾の付け根にある縦状の裂け目で、排泄と生殖を兼ねる。メスも同じ）周辺部も著しく膨らみ、下腹部を指で軽く押しただけでも精液が出る。

産卵間近になると、オスは卵嚢（卵の入った袋で、メスはこのような袋を２つ産む。２つは付着枝でつながる。これを１対と言う）が産み付けられる水中の枝の周囲や水底を活発に動き、泳ぎ回る。そしてメスが現れると、その動きは一層激しくなる。

いよいよメスが、水中の枝に付着枝の先を粘着させて産卵を始めると、周囲に群がるオスは争って卵嚢を奪い合い受精させようとする。時に１対の卵嚢を巡ってたくさんのオスが団子状に群がり、激しく争奪戦を繰り返す（図３）。

そんな時、体が水膨れして体表面積が大きければ大きいほど、自らの体で卵嚢を包み込んで独占できる。そして、他のオスが受精させようとするのを排除できる。大きなオスほど、より大きな水生型となり、たくさんの卵に受精させることができて有利である。

水生型に変化したオスから順次、水底に定着し繁殖に参加する。しかも、体の大きなオスほど早く現れ、長く留まる。中には、繁殖期の１月上旬から４月上旬までの３カ月以上、ずっと水中に留まるオスもいる。反対に、小さなオスは遅れて現れ、短日間で精子を使い果たし上陸してしまう。大きなオスは、個々の卵嚢争奪戦に優位なだけでなく、長期間繁殖に参加できることでも多くの子孫を残せ、非常に有利である。

メスは産卵直前になって水に入り、産卵が終わるとともに上陸し休眠する。そのためオスと同様の彷徨行動をしているのかは、不明である。

ただ一度だけであるが、メスが産卵しないまま下腹部のみを水中に浸けているのを見ている。また、他種ではメスの彷徨行動も観察されている。したがって、本種メスにもこの行動はあると思われるが、オスのような著しい水生型への体形変化はない。

しかしオスと同様、大きなメスほど早く産卵場に現れ、産卵数も多い。サンショウウオは年齢を経るごとに成長率は落ちるが、生きている限り成長を続ける。より年齢の高い大きな雌雄ほど、早く水場に現れているわけである。

◆有利な産卵場所を選択するメス

１匹のメスは、付着枝でつながった卵嚢２つを産む。卵嚢は乳白色の寒天質状物質からなり、アケビの実のような形をしている。さらに一番外側を透明な卵白状の物質が取り巻いているため、ドロッとしてつかみにくい（図３）。産卵直後は小指よりも小さく、やや赤みがかっているが、時とともに吸水し大人の握り拳ほどに大きくなる。また、時間の経過とともに表面に藻が繁殖し、緑色を帯びるようになる。卵の大きさは３mmほどで、１匹のメスは42〜136卵、平均80卵を産む。他のサンショウウオは全て、水面から見えない場所に産卵するが、本種のみは開けた水中の小枝などに産み付ける。しかも、乳白色をしているため、非常に目立つ。

繁殖期の早い時期に現れた大きなメスほど岸寄りの水深が浅く、水面からも浅い位置に産卵する。このような場所は、深い所より外気温の影響を受けやすく、日による温度差が大きい。しかし、冬といっても降雪の日ばかりではない。晴天の日もあって、このような時には水面の温度上昇は顕著である。そのため、産卵から孵化までの平均水温は、水温変化が小さな深い場所より高い。したがって早期に産卵されたものは、低水温のために孵化までに長期間を要するが、遅れて産卵されたものより孵化は早い。

真冬に産卵し、まだまだ冷たい早春に孵化した池には、餌となる小動物は少ない。そのため、早く孵化した幼生が、遅れて孵化した幼生を食べる共食いが顕著である。大きなメスほど早く現れ、多数を産卵し早く孵化させる。そして、後から孵化した幼生を餌とすれば、早く大きく成長でき、非常に有利である。

遅く現れた小さなメスは、早く現れた大きなメスとは反対に、水深が深く水面からも深い位置に産卵する。遅く産卵されたものは、春も盛りの頃に孵化する。その頃は、雪解け水の流入もなくなり、溜まり水の水位は急速に低下する。早く現れたメスのように、浅い場所に産卵すれば、水位の低下から卵嚢は干上がってしまう。それを避けるため、深い場所に産卵しているわけである。産み付ける枝も、4 mm 前後の太さのものが選ばれている。水位が低下し卵嚢が露出しても、自らの重さで折れやすい太さの枝が選ばれているのである。

◆体長で深さの異なる冬眠中の土中

産卵は冬季最初の積雪があった後、一旦寒気が緩んで雨やみぞれに変わり、水面を覆っていた雪が解け始めた時に始まる。そしてその後、大きな降雪がなければ、一気に産卵が進んで短期間で終わる。しかし、雪が降ったりやんだりして低温が続いた時には、だらだらと少数ずつの産卵が続き、長期化する。そして産卵が長引いた時には、体の大きな親ほど早く現れる傾向が顕著であるが、産卵が集中し短期間で終わった時には、このような傾向はあまり見られない。産卵は、水温4～6℃の時に最も多い。

親は、繁殖期に入るまで水場近くの土中で冬眠する。しかも、大きなものほど浅い所に、小さなものほど深く潜り込んで休眠しているといわれる。地面の温まり方は、深くなるほど遅い。低温が続いた時には、深い所まで温まるのに時間を要するが、高温が続いた時には深さに関係なくほぼ同じに温まる。

サンショウウオは、温度に依存して活動したり休眠したりする。高温が続いて深い土中も早く温まれば、小さな個体も早く目覚め、大小が一斉に繁殖に参加することになる。反対に低温が続けば、深ければ深いほど温度上昇に時間がかかり、小さなものほど遅く繁殖に参加することになる。低温が続いた年は、体の大きな雌雄ほど早く産卵場に現れたが、気温が高い年にはこのような傾向は見られなかった。休眠する土中の深さが、体の大きさによって異なるためと考えられる。

②共食いの激しい幼生期

孵化するまでの日数は水温に左右され、水温が高ければ早く低ければ遅い。水温10℃では約40日で孵化し幼生となる。首の付け根の両側に外鰓があり、これで呼吸する。

約1.5 cmで孵化した幼生の両頬には、平衡桿（へいこうかん）（バランサー）と言われる短い棒状のものが突き出ている。これは止水産卵性の幼生に現れるもので（しかし、後述する流水産卵性のヒダサンショウウオにも、胚の発生途上で現れる）、前肢はわずかに膨らみとして認められる程度、後肢はまだ現れていない未発達な状態で孵化する。そのため、体の平衡を保つ役割をしていると言われる。指や尾鰭が発達し、遊泳力がつくと消失する。良く発達した尾鰭には無数の黒斑が散在し黒っぽい。

ユスリカ、ミジンコ、水生昆虫、落下陸生小動物など口に入るものなら、あらゆるものを餌とする。同じ水場にモリアオガエルが産卵した場合、その幼生も餌となる。中でも共食いが際立って激しく、餌の大きな部分を占めている。

孵化は３月上旬～５月上旬と、２カ月間もの開きがある。そのため、幼生の体長に大きなばらつきがある。孵化が全て終わった５月上旬、全長は1.5～3.0 cmで、最大と最小で２倍の差がある。５月下旬には2.5～5.9 cmとその差は一層開き、最大の幼生は最小の約2.4倍となっている。

体積では約14倍もの大きさであるため、２つを並べると巨大な印象を受ける。これら大きな幼生は、周囲の小さな幼生を頻繁に頭部から丸呑みして餌とする。同質のタンパク質を栄養とするため成長は早く、６月中に早々と変態（呼吸が鰓から肺に変わり、尾鰭なども退化して引き締まった陸生型の体に急速に変化）し上陸する。

巨大な幼生が上陸した後は、体長に大きなばらつきがなくなる。そのため、共食い方法も、互いに足や尾を食いちぎるなどに変わっていく。しかしサンショウウオは再生能力が高く、しばらくすれば再び欠損部分も元に戻っていく。７月以降、６cm前後の大きさに成長したものから順次、変態上陸する。変態上陸期は６～10月である。しかし、低水温や餌不足の時には成長が遅いため、越冬後の翌春に上陸する場合もある。

変態期に入った幼生の外鰓は体内に吸収され、角張った頭部は丸みを帯びるとともに目は頭部より隆起する。また、大きな鰭も吸収されて消失し、引き締まった親と同じ体つきとなる。変態直後の幼体の全長は5.7～7.5cm、平均は6.8cmである。

上陸後の幼体は、水場からどれぐらい離れた所で餌を捕っているのであろうか。冬眠に入った12月下旬、林床を調べたところ、水場から約13m離れた深さ約３cmの砂利の隙間に潜んでいた。全長8.3cmの体が、ぴったり入る隙間であった。その年に上陸した幼体は、そう遠くない水場周辺で餌を捕っているようである。そして成長とともに、餌を求めてより奥深くまで移動していくようである。

③平野部で減少する生息地

生息域は、海岸近くから山頂付近までと非常に広い。後述するホクリクサンショウウオに比べ、水質や水場環境に選り好みが少ないからである。しかし生息域の広さが災いし、特に平野部での生息地が激減している。

海岸近くの松林は、私が本格的に生態調査を始めた最初の場所であるが、今は全く生息していない。かつて林内に畑が多数あり、野菜が栽培されていた。しかし、砂地のために水はない。そこで、畑の一隅に直径１ｍほどのコンクリート製の池を造り、雨水を蓄えて利用していた。そしてそれらが林内の各所にあり、サンショウウオはそこに産卵していた。しかしその後、松林が伐採されて住宅地となったり、あるいは畑地が放棄されて池が埋まったりして、今は生息していない。また別の松林では、その山裾に湿地が広がる有望な産卵場であった。しかし後に、一帯が埋め立てられて消滅した。あるいは山麓の溜め池が、道路建設や宅地化によってなくなってしまった。

本種は適応力が高く、山地であれば林道建設などで産卵場が消滅しても、たちまち近辺の水場に移動し産卵する。渓流にコンクリート製の堰堤が造られて水が溜まり始めると、しばらくして多数が産卵するようになる。あるいは造成されて間もない溜め池でも、時を置かず多くの親が集まって産卵する。林道側溝でも、土砂が溜まって水溜まりができると、多数の卵嚢が産み付けられる。そのため、流水産卵性のヒダサンショウウオと本種幼生が同じ水場で成長しているのを何度も見ている。

どのようにして新しい水場を感知するのか不思議であるが、新しい水場ができると間を置かずに産卵するようになる。その素早さに、何度驚かされたことか。これも自由に移動できる広い森と、各所に豊富な水場があればこそ可能なことである。

しかし平地では、森は分断され孤立している。森と森がつながっていないため、他所へ移動することはできない。そのため、生息地がなくなっても移動できず、文字通り消滅する。平野部の生息地は、道路建設や宅地化、湿地の埋め立て、あるいは森林の伐採などによって多くが失われた。

サンショウウオの調査を始めた頃は、平野部の様々な場所に生息していた。自宅近くにも、有望な産卵場があった。だから夜、いつでも産卵風景を観察することができた。しかしその後、堰堤工事用の道路として埋め立てられ、今はない。サンショウウオ調査を始めた当時、よもやこのような事態に至るとは予想すらしていなかった。

④クロサンショウウオの思い出

◆サンショウウオ好きの契機となったクロサンショウウオ

40年ほど前、小学校の教師として５年生を担任していた。子供たちは生き物が大好きで、教室でフナ・モツゴ・ドジョウ・メダカなど、学校周辺に生息する様々な生き物を飼っていた。中でも珍しかったのは、背中に棘のある降海型イトヨの飼育であった（図４）。初めて目にする魚で、３月に海から用水路に大量に遡上し、オスは縄張り内の水底に水草などで巣を作り、子育てする。子供たちと２年間、繁殖期の行動を観察し記録した。全国コンクールでも大きな賞を取った。それまで生き物にあまり関心がなかったが、この観察を通して初めて生き物に興味・関心を持つようになった。生物に関する本にも目を通すようになった。

冬のある日のことであった。山の溜まり水に、アケビのような形をした卵が産み付けられているという。翌日、子供たちがアケビ状の白いものと、その下にいたという生き物を教室に持ち込んできた。初めて目にする生き物は、四足で体は水膨れしたようにぶよぶよしている。気味悪くて、触ることもできない。子供たちに何と言う名前の生き物かと尋ねられるが、皆目見当もつかない。

ぜひ現場を見てほしいと誘われ、案内されたのは雪解け水や湧水が溜まった里山の溜まり水であった。水中の枯れ枝に、白いアケビ状のものが幾つも垂れ下がっていた。周囲を見渡すと、緩やかに流れる用水路にも産卵されている。産卵は、必ずしも止水だけに限らないようであった。

初めて目にする卵と生き物であるため、どんな本を調べれば良いのかさっぱり分からなかった。図書館で子供たちと手当たり次第に本をめくり、ようやくクロサンショウウオらしいこと、また産卵は冬から早春にかけてなされることが分かった。これがクロサンショウウオとの最初の出会いであった。

子供たちは卵と親を水槽で飼い始めたが、私は気味悪くて触ることもできない。何度も勧められ、ようやく手にすることができるようになった。何度か手にするうちに、全く無害な生き物であることを実感し、この生き物のことをもっと知りたいと思うようになった。それが、サンショウウオに取りつかれるようになったきっかけである。もしあの時、子供たちを介してクロサンショウウオと出会わなかったら、恐らくサンショウウオ調査などやっていなかっただろう。それどころか、今でもサンショウウオの存在すら知らなかっただろうと思われる。縁とは不思議なものである。クロサンショウウオを見ると、子供たちとのあの頃が、まるで昨日のことのように浮かんでくる。

◆初めてのサンショウウオ調査

クロサンショウウオの親や卵嚢など、初めて目にするものばかりであった。こんなものが身の回りにいるなど、想像すらしていなかった。子供たちが教室で飼い始めてしばらくしてからのことである。別の子供たちが、学校近くの松林でも卵を見付けたという。他の子供たちも、随分と探し回っていたのである。

子供たちに連れられ、集落の外れにある松林に入った。海岸近くの砂防林である。林内の所々に直径１ｍほどのコンクリート製の溜め池が10カ所ほどあり、土砂が溜まって20〜30cm程に浅くなっている所もあった。そしてそこに、幾つもの卵嚢が産み付けられていた。これらは灌漑用の溜め池で、一部は使用されているものの、ほとんどは放棄されていた。戦中戦後の食糧難時代、松林を開墾し畑作が行われていた頃の名残であった。産卵は既に始まっていたが、その後の産卵状況を知りたく、ここで初めて定期的に産卵数の調査を行った。その年の産卵は、全ての溜め池を合わせると93対であった。

子供たちによって、他にも次々と新しい産卵場が発見された。案内されて幾つもの産卵場を見るにつけ、どのような場所に産卵しているかがほぼ見当がつくようになった。そして意外にも、自分の住む集落の周辺にも幾つも産卵していることが分かり、唖然としたものである。

「こんな身近にクロサンショウウオがいるなんて。なぜ今まで気付かなかったのだろう」。それほど身近にいたのである。子供の頃は、野山を駆け回っていた。だから水溜まりを見れば、白い卵嚢は一目瞭然である。それなのに、全く目に触れなかったことが不思議でならなかった。冬山ではスキーやそりに関心が集中し、溜まり水などに目を向ける暇などなかったからであろうか。あるいは目にしていても、関心がないため、ないに等しかったのであろうか。

教室で飼っていた卵嚢から、小さな幼生が孵化し始めた。形はオタマジャクシのようで、首の両側に赤い鰓が突き出ていた。外鰓である。なんとも愛嬌のある姿で、ぜひとも飼ってみたいと思った。小さな生き餌でなければ食べないという。子供たちは、イトミミズなど小さな生き物を与えていたが、共食いで数は減るばかりである。このままでは、ほとんどいなくなってしまう。話し合いの結果、これらは元の場所に戻すことにした。

この後、これらの幼生はどのように成長し、陸へ上がっていくのであろうか。野外での成長の様子を観察したいと思ったが、調査の方法が分からなかった。ただ以前、子供たちと魚を育てていた時、何冊かの魚類の本に目を通していた。その中に、幼魚の成長調査の方法として、川のある一定区画を、決めた回数だけ投網して採集し、体長を測定する。そしてこれを定期的に行うことで、成長を明らかにできることが書かれていた。

孵化が完了した５月、松林内の１つの溜め池を選び、小さな網で20回すくって捕獲し、幼生の体長を測定する。そしてこれを10日毎に、幼生が全て上陸するまで行う。このように決め、行った。当初は、頬部の平衡桿に感動し、他を圧する大きな幼生が現れたことに驚くなど、毎回の調査が楽しくてならなかった。

ところが、春は柔らかな下草が林床を覆う程度で見通しも良かったが、下草は次第に丈高く繁茂し、簡単には目的地に辿り着けなくなってしまった。ついには、所々の枝に布をぶら下げて目印にしなければ、どこに溜め池があるのかさえ分からなくなってしまった。

こんな私の姿を目にした集落の人から「マムシがいるから気をつけなさい」と言われたのには、肝を冷やしてしまった。その後の怖いこと、いつマムシに襲われるかと思うと、気が気ではなかった。

一層悩まされたのは、やぶ蚊であった。採集後、体長を測定しなければならないが、それには長時間を要する。やぶ蚊が現れ、容赦なく体の至る所を刺す。周りに蚊取り線香を幾つも置いたが、一向に収まらない。野外調査は、そんなに甘いものではないことを思い知らされた最初の経験であった。それでも毎回の測定結果をヒストグラムに表し、成長の過程が一目で分かるよう表現できた時には、これからもぜひ調査を続けていこうと決心した。

◆吹雪の中での調査

クロサンショウウオ調査で忘れられないのは、放棄された溜め池での1985年から1988年までの４年間の調査である。１月から５月末までの５カ月間、勤務終了とともに毎日現地を訪れ、繁殖生態の調査を行った。そこは職場からさほど遠くない、道路沿いの林の中にあった。

まず溜め池の正確な見取り図を作り、産卵されている場所を記録した。また、卵嚢が水中のどんな場所、位置に産卵されているのかを知るため、卵嚢が産み付けられている枝の、水面からの深さと水底からの高さ、枝の太さを記録した。次いで卵嚢を枝から外し、２枚の透明ガラスで傷つけないよう圧し、卵数を数えた。そしてその後、所定の場所に置いて孵化までの水温と日数を調べた。孵化日は、約半数の卵が孵化した日とした。

それまで多くの産卵場を見てきたが、いずれの場所でも卵嚢は１カ所、あるいは数カ所に集まって産み付けられていた。分散し、ばらばらに産み付けられている場所はなかった。したがって、産卵には何らかの条件に基づいて、場所が選択されているように思われた。また、水中には様々な太さの枝があるにもかかわらず、決して利用されない太さの物もあった。そのため、枝の太さにも何かの選択が働いているように感じられた。あるいは、産み付けられる水中の位置にも、規則性があるように見受けられた。これらは、長い間の疑問であった。ここは、これらの疑問を解決するには最適の池であり、今回ぜひ明らかにしたいと思った。

これらの調査を行うには、腰までの長靴を履いて水中に入らなければならなかった。溜め池は長い間放棄されていたため、底には泥や枯れ葉・枝、朽木などが厚く堆積し浅くなっていたが、それでも深いところは１mほどあったからである。時に水面が凍って、水温が０℃近くになる日もあった。そんな中で転べば、調査どころではなくなる。細心の注意が必要であった。それでも長靴に水が入り、濡れてしまうことが何度もあった。

たとえ濡れなくても、冷水に手を入れての調査である。しかも産卵数が多いと、調査は長時間に及ぶ。手がかじかんで鉛筆が持てず、息を吹きかけ手を温めないと記録できない時もあった。あまりの冷たさに手が疼き、口の中に入れて温めながら苦痛に顔をゆがめることも度々であった。

当時は今と違って雪が多く、平地でも時に80cmを超えることもあった。そのため、到着までに長時間を要した。スリップしてあわや田んぼに転落か、と肝を冷やす日もあった。猛吹雪で道路と田んぼの境が分からず、立ち往生することもあった。

冬は日暮れが早く、真っ暗闇の中、ヘッドランプを点灯しての調査である。降雪時はライトが雪に遮られ、視界が悪い。産卵数に見落としがないか、何度も調べなければならなかった。耐水性のノートがあるなど、全く知らなかった。吹雪の中、傘を飛ばされないよう必死になって記録したものである。

どんなに厳しい天候の日でも、欠かさず現地を訪れた。１日でも休んだら、その日に最も重要なデータを見逃す恐れがあったからである。暖かい春の到来を待ち望んだ。ショウジョウバカマのつぼみに春の訪れを知り、ほっとしたものである。

◆産卵場所は選択されていた

調査は大変であったが、様々な新しいことを知ることができた。例えば、産卵初期にメスの産卵数が多く、時間の経過とともに少なくなる傾向があることから、大きなメスほど早期に現れ産卵していることが分かった。また、早い時期に産卵するメスは、水深が浅く水面からも浅い位置に産卵するが、遅く現れたメスは、水深が深く水面からも深い位置に産卵していることが分かった。

水深が浅く水面からも浅い場所は、気温の変化に影響されやすいが、冬と言っても降雪の日ばかりではない。時には太陽が現れ、暖かく水面を照らす日もある。そのため、水面近くの方が、深い所より孵化までの平均水温は高い。そのため、早く孵化ができ、後から孵化した小さな幼生を餌にできて有利である。

また、遅く現れた小さなメスが、水深が深く水面からも深い位置に産卵するのは、春になって水位が低下し、卵嚢が水から露出するのを避けるためである。そのため、産み付ける枝も、水面から露出した時に折れて落下しやすいよう、直径４mm 前後のものが最も多く選ばれていた。

予想もしない結果で、クロサンショウウオの賢さに驚いたものである。
とは言うものの、これらの結果がどんな産卵場にも当てはまるわけではない。産卵場によって環境は異なる。したがって、それぞれの産卵場環境に従って、最適な場所選択が働いているものと思われる。
調査は楽しいことばかりではない。時に大変なこともあるが、新しい事実を知った時の喜びは何物にも代えがたい。この喜びを一度体験したら、病みつきとなってやめられなくなる。

2　能登の里山を象徴するホクリクサンショウウオ

石川県の能登半島と富山県の一部に生息する。宝達山では里山から山麓の、湧水を水源とする溜まり水や用水路、湿地などに産卵する。最初の発見地は羽咋市で、発見当初はトウホクサンショウウオ、次いでアベサンショウウオとされた。私が調査を始めた頃は、アベサンショウウオとされていた。
しかしその後、形態や遺伝的違いから新種と分かり、1984年、学名 *Hynobius takedai*、和名ホクリクサンショウウオとして記載された。種小名の takedai は、発見者竹田俊雄氏の功績を記念し名づけられたものである。
全長はオスが8.6〜12.6 cm、平均は10.9 cm、メスは8.6〜11.7 cm、平均は10.5 cm で、オスの方がやや大きい。胴長はメスが大きく、尾長はオスが大きい。しかし、雌雄共に尾長は頭胴長より短い。体色は黒褐色をし、黒い斑点がある。メスの体の横に、青白色の小点が無数に散布する（図5）。繁殖期になると、オスの尾部後端が鰭状になるとともに、頭の裏側（あご）が白っぽくなる。

①繁殖期は冬の終わりから春の初め

◆産卵場を造って保護

宝達山山麓の谷津田には、かつて一帯にホクリクサンショウウオが生息し、耕作準備が始まる春先、用水路にたくさんの卵嚢が産み付けられていた。水路の泥上げをする耕作者の中には、稲作に害を与える不気味な存在と勘違いし、撤去する人もいた。そのため、「これらは希少なホクリクサンショウウオの卵で、稲作には決して害を与える物ではない。だから、ぜひそのままにしておいてほしい」と説明して回ったこともある。それほど大きな生息地だったわけである。

しかしその後、多くの用水路がコンクリート製に変えられ、産卵できなくなってしまった。また米余りから、多くの水田が放棄されたり畑作に転換されたりしたため、わずかに残る水溜まりや土水路などに産卵するようになった。

しかし、そこにも道路が造られることになり、すぐ近くの放棄田に代替池が造られた。U字形の人工水路で、谷川から取り込んだ水は取水口から約23ｍ流れて折り返し、再び23ｍ流れて流出口から谷川に流れ下る。水路の幅は約50㎝、水路と水路の間は約１ｍである。水深は約30㎝で、水は常時緩やかに流れている。

かつて耕作が盛んだった頃、周辺一帯の溜まり水や用水路を調査した折、完全な止水より多少流れのある場所に多く産卵されていた。止水産卵性のサンショウウオとはいえ、多少流れのある方が産卵に適しているようであった。そのため、代替池を造る際、水が流れる回遊式にしたわけである。以下は主に、この水路の観察から分かったものである。

本種は、水底に堆積した落葉の下や横穴、あるいは水底に根を張る隙間など、非常に分かりにくい所に産卵する。そのため、造成された水路に、果たして産卵しているのか分かりにくい。また産卵したにしても、産卵数を正確につかむことは困難である。今後保護していくには、正確な産卵数をつかむ必要があった。

そこで、産卵を誘導するため、水底にスギ葉を等間隔に刺し、その上から瓦を被せて産卵場所とした。見えない場所に産卵する本種の習性を利用したわけである。幸いなことに、造成されたその年より、全てのメスが瓦下に産卵した。また産卵数は約50対と、他地域の10対前後に比べ非常に多く、有数の産卵場となった。繁殖期は場所により、あるいは積雪の多少によって異なるが、この水路では2月上旬〜3月下旬の約2カ月間である。

◆水陸の出没を繰り返す雌雄

オスは、産卵が始まるずっと前に水中に入り、産卵場所となる瓦の下でメスの到着を待つ。しかもその出現は非常に早く、産卵が始まる40日も前の12月下旬頃である。また、一旦水中に入っても瓦下に定着せず、目まぐるしく水陸の移動を繰り返す。クロサンショウウオに見られたのと同じ彷徨行動である。そのため、日によって水底で観察されるオスの数は異なり、時には全くいなくなってしまう日もある。占拠する瓦も、その都度変わっている。

例えばAは、産卵が始まる40日も前に水中に現れたが、その間ずっと特定の瓦下にいることなく、5度も水中と陸上を行き来した。しかもその都度、潜り込む瓦は異なっていた。Bも12月下旬に初めて水中に現れた後、7回出入りを繰り返し、産卵が始まる直前になってようやく特定の瓦下に落ち着いた。産卵が始まる前日までにたくさんのオスが水中に現れたが、ただの1匹もすぐには瓦下に定着することはなかった。

繁殖にやって来た雌雄の中には、すぐには水に入らず、しばらく水際の小さな穴や枯れ葉の下などに潜り込んで留まる個体がいる。そこで隠れ場所用に、水路周囲に板を置いたところ、入水前の雌雄が多く観察された。また、繁殖終了後の雌雄が、やせ細った体を休めているのが目撃された。しかし、彷徨行動を繰り返すオスは、一度も板下で観察されることはなかった。水際からもっと遠く離れた所まで行っているようであるが、どこまで移動しているのかは不明であった。

産卵前の出没は水温が10℃に下がる頃に始まり、その後も７℃より下がらなければ頻繁に出没を繰り返す。しかし、７℃以下になった時にはピタッと出没は止み、水中からオスは完全に消えてしまう。そしてまた、水温が７℃を超えるようになると現れ、出没を繰り返す。

せっかく水中に入りながら、なぜオスは水陸の移動を繰り返すのであろうか。長期間繁殖に関与するオスにとって、繁殖前の体力消耗は極力避けなければならない。それなのに繁殖前の貴重な体力を、なぜ無駄に消耗するような行動をするのであろうか。不思議でならなかった。

しかし、出没を繰り返す過程で、オスの体が次第に変化していくのを目の当たりにし、ようやくその意味が分かった。水中に現れた当初は、尾はまだ十分に鰭状化しておらず、下腹部を指で圧しても、精液の出ないオスがほとんどであった。しかし出没を繰り返すうちに、次第に尾鰭は発達し、精液も出るようになっていった。また体も、水膨れしたような体形に変わり、肌もべとつくようになっていった。したがって、一見無駄に見えるこの出没は、陸上生活型から水中生活型への、したがって繁殖可能な体に変わるために必要な行動だったのである。

メスの中にも、水中に入りながら産卵せず、時間を置いて再び現れ産卵するものがいた。このような彷徨行動は２年間で計19匹観察されたが、中には何度も水中に現れながら、１カ月以上も産卵しないものもいた。オスの場合、このような行動を通して繁殖可能な体に変わっていった。メスも、オスと同様の彷徨行動によって排卵が促され、産卵可能な体になっていくものと思われる。メスの産卵数は体の大きさと関係し、大きなメスほどたくさんの卵を産む。また、大きなメスほど産卵期間の早い時期に現れ産卵する。それに対し小さなメスは、産卵数が少なく産卵時期も遅い傾向がある。

◆水温6℃で始まる産卵

産卵は、水温が6℃以下に低下した後再び6℃以上に上昇し、その前後を上下するようになる2月上旬に始まる。そしてその後、6℃を中心にその上がり下がりが小さいと少量ずつの産卵が長期に亘って続くが、大きく上昇すれば一気に多数が産卵され、短期間で終わる。また低温の時には体長の大きな雌雄ほど早く現れ、次第に小さくなる傾向があるが、高温の時には大小が一気に現れ、このような傾向は顕著ではない。クロサンショウウオと同様、体の大きさによって冬眠する土中の深さが異なるためである。産卵は5～7℃の間で多く、6℃で最も多い。

卵嚢は透明な紐状で、バナナ状に巻いている。卵嚢外被に無数の横皺があり、メスはこのような卵嚢を2つ産む（図6）。卵の大きさは約3mmであるが、大小のばらつきがある。卵嚢は水底の枯れ枝や枯れ葉の裏側、横穴に垂れ下がる根など、水面からは全く見えない場所に産み付けられる。また、水深30cm前後の浅い場所に好んで産卵されることが多い。1匹のメスの産卵数は、10～166卵で、平均は93卵である。

オスは産卵が始まる40日も前に現れ、産卵後も長く水中に留まる。中には、産卵期間が終わった後も、1カ月近く水中に留まるオスもいる。しかも大きなオスほど早く現れ、長く水中に留まるため、滞在期間が約2カ月に及ぶ個体もいる。

◆縄張りを作るオス

この水路では、産卵は全て水底の瓦下にされたが、瓦によって産卵数に違いが見られ、谷川の水が流入する上流部で多く、流れが緩やかな下流部では少ない傾向があった。胚の発生が進み、より大きく複雑に成長していけば、多くの酸素を必要とする。雌雄は流れのある、したがって溶存酸素の多い瓦を好んで選び、産卵しているのである。

また産卵数が多い瓦では、2～5匹のオスが1枚の瓦下にいるのが観察された。2匹の時には、1匹が瓦の中心のスギ葉を占拠し、もう1匹が瓦の隅に隠れ潜んでいる場合と、2匹ともに瓦の両端にいる場合があった。3匹の時には、1匹が瓦の中心を占拠し、残り2匹が瓦の両端にいる場合と、3匹ともにそれぞれ瓦の端にいる場合があった。また5匹の場合は離れることなく、全てが瓦下にいた。

瓦の中心にいるのは縄張りオスで、これらは長期に亘って瓦を占拠した。そして時には、スギ葉の上に乗って自らを誇示するような行動を取ることもあった。しかし、瓦隅のオスは絶えず瓦を渡り歩き、居場所を変えていた。あるいは短期間で上陸し、いなくなってしまった。大きなオスほど早く現れ、有利な場所を縄張りとして占拠し、長期間留まる。そして多数のメスを獲得し、多くの子孫を残していると言えよう。また、縄張り形成には激しい闘争が伴うようで、体に傷のあるオスが度々観察された。

しかし、遅れて現れた小さなオスも、大きなオスに排除されて全く受精に関与できないわけではない。縄張りを作れない小さなオスは、瓦の隅に隠れ潜んでメスを待ち、産卵が始まるや一気に接近し放精する。そして、少しでも自らの子孫を残すよう努力している。

繁殖期も終わりに近づくと、オスの尾部は収縮し、鰭も退化する。また体重も著しく減少し、精液も出なくなる。例えば2月中旬に現れたオスは、1カ月後の3月中旬に水路際に置かれた板下で観察されたが、その時には尾長は約13%、最大尾高（尾部の最も高い部分）は約20%、体重は約25%減少していた。やせ細ったオスの姿を見るにつけ、繁殖がいかに厳しいものであるかを思い知らされた。

②孵化から変態上陸まで

◆早く孵化した中から大型幼生が出現

産卵期間は2月上旬〜3月下旬の約2カ月間であり、孵化期間は4月中旬〜5月上旬の約1カ月間である。孵化が最も早いものと遅いもので、約１カ月の差がある。孵化までの日数は水温に依存し、水温が低ければ長く高ければ短い。水温と孵化までの日数は、平均水温８℃で約70日、10℃で約55日、12℃では約40日である。

したがって、早い時期に産卵されたものは、低水温のため孵化までに多くの日数を必要とする。しかし、それでも遅れて産卵されたものより孵化は早い。そのため、幼生の大きさにばらつきができる。孵化が全て終わった５月上旬、全長の平均は約２cmであるが、最小は1.5cm、最大は2.5cmで、既に１cmの差がある。そして時間の経過とともに、その差は一層大きくなっていく。

幼生期間中注目すべきは、クロサンショウウオ幼生の場合と同様、孵化が終わって間もない時期に、急速に大型化する幼生が現れることである。６月上旬、全長の平均は2.7cmであるが、最も大きな幼生は4.8cm、最も小さなものは1.8cmである。最も大きな幼生は、最も小さなものより約2.7倍も大きい。６月中旬は平均が３cm、最小２cmに対して最大は５cmである（図７）。そしてこのような５cmを超える幼生は、６月下旬以降は全く見られなくなる。６月中旬〜７月初旬に、全て変態上陸したためである。

幼生期間中、共食いが頻繁に観察された。特に、成長に大きなばらつきのある幼生期初期に多く、大きな幼生が小さな幼生を頭から丸呑みする。そして急速に大型化し、早々と上陸していった。これら大型の幼生は、早期に産卵・孵化した中から現れた。

◆大型幼生の出現には卵の大きさも

しかし、そればかりではない。卵径の違いも大きく関与している。産卵期間中、卵嚢によって卵の大きさにばらつきが見られた。そこで、同じ日に産卵された小卵型と大卵型の卵を卵嚢から取り出して比較したところ、小卵型の平均卵径は2.9mm（2.4〜3.3mm）、大卵型は4.3mm（3.8〜4.7mm）で、大卵型の方が1.5倍も大きい。そこでこれらを室温で飼育し孵化させたところ、小卵型の平均全長は12.8mm（11.6～13.8mm）、頭幅（頭の最大幅）は2.1mm（1.8～2.4mm）であった。また、大卵型は全長16.6mm（15.9～17.5mm）、頭幅2.7mm（2.5～2.9mm）で、大卵型の全長・頭幅のいずれも小卵型よりずっと大きい。

共食いは、大きな幼生が小さな幼生を頭から丸呑みする形でなされる。そしてそれができるためには、頭から丸呑みできる大きな口が必要である。全長・頭幅が、孵化した時点で既に大きければ、孵化した直後より共食いが可能で、他より抜きんでて大きく成長できる。

早春は、幼生の餌となる水生小動物が少ない。共食いによって、自分と同質のタンパク質を摂取できれば、成長は一層早まる。大きな卵を産む、あるいは早く産卵し早く孵化させれば、共食いによって早く大きく成長できる。そして、多くの子孫を残すことができる。メスは、自らの子孫を少しでも多く残そうと、様々な努力をしているのである。

もちろん、成長の糧となる餌は、共食いだけではない。ヨコエビ、ミジンコ、水生昆虫など、口に入る水生小動物は全て餌となる。また、陸上からの落下小動物も、餌として重要な役割を果たしている。この産卵場には、大きなモミジの枝が水面を覆っている。ある日、この枝から黄緑色の芋虫が大量に落下し、幼生の餌となっているのを目撃した。幼生の腹部は大きく膨らみ、芋虫が透けて見えた。水中の食物量には限りがある。落下小動物も、餌として重要な役割を担っていることを知らされた。したがって、新しく産卵場を造成する場合、こうしたことも考慮する必要がある。

幼生期は、４月中旬から９月上旬までの約4.5カ月である。しかし、幼生期間の長さは幼生の密度（個体数）に依存し、密度が低ければ摂取できる餌の量も多い。そのため、速やかに大きく成長し変態できる。しかし産卵数が多い時は、１匹当たりの餌量が少なくなるため、幼生期間が長引くとともに、変態時の体も小さい。したがって幼生密度が高い年は、幼生期間が12月末まで延びることもある。

変態直後の幼体の全長は3.4〜5.3 cm、平均4.4 cm である。クロサンショウウオの場合、変態時の大きさは5.7〜7.5 cm、平均6.8 cm であるから、同じ止水性サンショウウオであっても大きな違いがある。そのため、2種が同一場所に産卵することはまずない。幼体は上陸後速やかに水場から離れ、餌を求めて森の中に散らばる。

人工池での卵の放流実験によれば、産卵から性成熟するまでにオスは約4〜6年、メスでは約5〜6年かかる。メスがオスに比べ1年遅いのは、卵の成熟に時間がかかるためである。

③絶滅の危機

本種は里山から山麓の、湧水を水源とする溜まり水や水田の用水路などに産卵する。水深30 cm を超えない浅い水場を好むため、湧水の溜まる水環境であっても、深い溜め池などには産卵しない。

さて、里山や山麓の水田用水路などを産卵場としているが、これら水田の多くは面積が小さく高低差も大きい。水温も低い。そのため、平野部に比べ多くの労力を必要とする割に収穫量は少ない。かつて米不足の時代には、このような場所も盛んに耕作されていたが、米余りや高齢化で多くが放棄された。あるいは多くの水田にスギなどの苗木が植えられ、水場が失われた。生息地の多くが、このような現状にある。

宝達山山麓のある谷津田は、多数が産卵する有望な生息地であった。しかしある時期、ほとんどの水田が転作によって畑に替えられ、産卵場は消滅した。また別の棚田では、植林されたり放棄されたりしたため、湧水の溜まり水にわずかに産卵しているに過ぎない。しかしここも、泥が溜まって浅くなりつつある。いつの日か消滅するのは確実である。

今も耕作されている谷津田もあるが、耕作者の高齢化が進んでいる。この先となると、危うい状況にある。谷津田が整備され、大型化された場所もある。しかし、水路が三面張りのコンクリートに切り替えられたため、産卵できなくなっている。あるいは水路に阻まれ、他の場所に移動できなくなっている。

本種は元々、丘陵部やその山麓の湧水を水源とする湿地を産卵場とし、森を生活の場として生息していた。その後、稲作が始まるとともに、水利の便の良いこのような場所は全て開墾され、水田となった。そのため、稲作に適応し、現在に至るまで共生してきた。したがって、里山と谷津田は、本種の生存そのものに関わる不可欠な環境・景観である。もし、里山と谷津田の景観が失われたとなれば、本種も同時に消滅したことを意味している。逆に、この風景がしっかり守られておれば、本種もまだまだ健在であることを示している。本種は、能登の里山の健康度を示す重要な指標となっている。

④ホクリクサンショウウオの思い出

◆ホクリクサンショウウオとの最初の出会い

サンショウウオを調べ始めた頃のことである。ある人から、「子供の頃、近所の大池にサンショウウオがいて、よくつかんで遊んだものである。きっと今もいるはずだ」と教えられた。遠方ではあるが、早速出かけてみた。

池は、スギの大木が鬱蒼と林立する薄暗い山腹にあった。水深は深いところでも30cmぐらいであろうか。山腹から噴出する湧水を水源とし、そこから池の３分の１ほどは苔むす大小の石に覆われている。残りの水底は泥である。

訪れたのは５月であった。水底の泥の上に、幼生が散在していた。恐らくクロサンショウウオ幼生だろうと思っていたが、形態はそれとは全く違っていた。クロサンショウウオ幼生は頭部が角張っており、尾鰭には黒く大きな斑紋が幾つもある。そのため、判別は容易である。

しかし、目にする幼生の頭部はほっそりした印象である。また尾鰭には、大きな黒斑もない。これまで、目にしたことがない幼生であった。これがホクリクサンショウウオとの最初の出会いであった（当時は、アベサンショウウオと言われていたが、後に新種としてホクリクサンショウウオと命名された）。

親は、どんな姿形をしているのであろうか。冬の到来を待って、何度も訪れた。水中の苔むす石や山腹の倒木をひっくり返し、そこら中を探し回った。そして多数の雌雄や卵嚢を記録することができた。それをもとに、全長と頭長、胴長、あるいは尾長との間に雌雄差がないか調べ、その結果を文章にまとめ専門誌に投稿した。理系の知識、生物学の素養などほとんどない中、統計学の参考書を頼りに手探りでまとめたもので、今でもあの時のことが懐かしく思い出される。

中でも忘れられないのは、例えば全長と胴長、尾長などとの関係を数式に求めるため、ただただ電卓のキーを叩き続けたことである。1つでも間違えれば、また最初からやり直しである。それでも数式に表現できることがうれしく、何時間も電卓と格闘した。ようやくにして数式に表現できた時には、これまでとは異なる世界が開けたような思いであった。

統計処理に長けた者からすれば、全く他愛もない初歩の初歩かもしれないが、私にとってはこれまでにない体験であり、大きな喜びであった。余計なことは一切考えず、夢中になって電卓と向き合った時間が忘れられない。

◆自分の足元にもホクリクサンショウウオがいた

その後も、新しい生息地が発見されたと聞けば、遠方まで足を延ばした。遠いため、繁殖期の生態を詳細に調べることなどできなかったが、サンショウウオや卵嚢を見たくて歩き回った。帰宅した時には、全身泥だらけであった。お陰で、形態やメスの産卵数などに関するデータも溜まっていった。

同じ頃、この調査とは別に、町内の放棄された溜め池で、クロサンショウウオの繁殖生態も調べていた。放棄されて長いため、水底は落葉、泥、倒木などに厚く覆われ、最も深い所でも水深は１m程である。水源は、丘陵基部からの湧水と雪解け水である。繁殖期が終わった４月、上陸後の親がどんな所に隠れ潜んでいるのか知りたく、池周囲の倒木、石、落葉の下、あるいは穴の中など、居そうと思われる場所を隈なく探した。

その時であった。池から２mほど離れた倒木下から10cmほどの幼体が現れた。クロサンショウウオの成体は小さくても14cm以上はあるが、それよりずっと小さい。しかもその年の変態上陸期は早くても６月であるから、前年かそれ以前に上陸した幼体に違いなかった。それなのに、変態直後でもない幼体がなぜ水際近くにいるのか不思議であった。上陸後の幼体は餌を求めて林床を動き回り、もっと池から離れた場所にいるものと思っていたからである。

手で触れると、幼体は尾を天に向けてぐっと持ち上げた。「えっ、防御姿勢？」。ホクリクサンショウウオは、敵に出会うと尾を高く持ち上げ、体を大きく見せようとする攪乱（かくらん）行動を取ることがある（図８）。そのような防御姿勢をクロサンショウウオもするなど、初めての体験であった。

不思議に思って幼体を裏返し、再び「そんな馬鹿な」と叫んでしまった。頭部裏側に、かなり薄くなってはいるが、白っぽい半円状の斑紋があるではないか。これは、繁殖期のホクリクサンショウウオのオスに見られる特徴である。それがあるのだから、ホクリクサンショウウオに間違いなかった。

サンショウウオを調べ始めた頃、知人からこの界隈の谷津田にサンショウウオがいて、子供の頃はよく捕まえて遊んだものだと聞かされていた。しかもその形態は、クロサンショウウオとは明らかに異なっていた。ひょっとしてホクリクサンショウウオかもしれない（当時はアベサンショウウオ)。

期待に胸を弾ませ、一帯の谷津田水路を徹底的に調べたことがある。しかし成体どころか、1対の卵嚢すら発見できなかった。そのため、地元には全くいない、そのように固く思い込んでいた。ホクリクサンショウウオ見たさに、何年も休日には遠方まで足を延ばしていた。大池にも数知れず訪れた。それなのに、自分の足元にいたとは。

とは言うものの、卵嚢を目にするまでは半信半疑であった。池の周囲や、池から流れ出す土水路を隈なく探した。クロサンショウウオの卵嚢は白く、しかも目立つ場所に産卵するため、簡単に発見できる。

しかしホクリクサンショウウオは、倒木、石、落葉などの裏側や横穴の奥など、表面からは全く見えない場所に産む。特にこの池の場合、木々が水中にまで根を張り、多数の洞を提供している。そのため、非常に見つけにくい。隈なく調査した結果、幾つもの卵嚢が発見された。透明な紐状で、横皺が無数にある。間違いなく、ホクリクサンショウウオの卵嚢である。「灯台下暗し」。文字通り足元にホクリクサンショウウオがいたのである。それとも知らず、何年もクロサンショウウオのみに目を向けてきたのである。

◆なぜ2種が、同じ池で生活できるのか

クロサンショウウオ幼生は、ホクリクサンショウウオ以上に激しく共食いをする。そんな知識も全くなかった頃、水槽でホクリクサンショウウオの卵嚢と一緒に飼ったことがある。そして、孵化したホクリクサンショウウオ幼生が瞬く間に食い尽くされ、いなくなったのには驚いてしまった。そのため、2種が同じ水場に産卵することなど、絶対にあり得ないと思った。また長年の調査でも、同所的に産卵する水場など1カ所もなかった。

したがって、クロサンショウウオが産卵する水場であれば、頭からホクリクサンショウウオなどいるはずもないと思い、探そうともしなかっ

た。と言うより、同じ場所に産卵しているかもなどと、念頭に浮かぶことすらなかった。それなのに、長年通っている足元の池で、ホクリクサンショウウオも産卵していたとは。青天の霹靂の出来事であった。思い込みが、観察の目を曇らせていたのである。予断なしに調査することの難しさを思い知らされたものである。

それにしても、なぜ同じ池で産卵が可能なのであろうか。なぜホクリクサンショウウオ幼生は食い尽くされず、毎年繁殖することが可能なのであろうか。これまで他所では一度も見なかった共存が、なぜできるのであろうか。不思議でたまらなかった。調べてみて、ようやくその理由が分かった。

1つは、産卵習性の違いである。クロサンショウウオは池の中央部の深い場所に産卵する。それに対し、ホクリクサンショウウオは池の周囲や土水路の木の洞や横穴、あるいは落葉の裏など、水面からは全く見えない浅い所に産卵する。そして、孵化後の幼生は池の周囲の浅い部分や、クロサンショウウオ幼生が侵入しない土水路を生活の場とする。同じ水場でありながら、2種で産卵場所、幼生の生活場所が異なっているのである。そのため、捕食されることなく成長できるのである。

今一つ、池の環境も適していた。放棄された溜め池であるため、枯れ葉や枯れ枝、朽木が水底に厚く堆積している。そのため、たとえ2種が遭遇しても、この中に潜り込めば食われないで済む。この池の環境が、絶好の隠れ場所を提供しているのである。だからこそ、同じ池で繁殖が可能なのである。

ここで4年間、繁殖生態を調査し、多くの新しいことを知ることができた。中でも意外だったのは、産卵・孵化時期が2種で大きく異なっていたことである。クロサンショウウオの産卵期は1月中旬～4月上旬であるのに対し、ホクリクサンショウウオは3月上旬～4月上旬であった。そのため、ホクリクサンショウウオが産卵を始める頃には、クロサンショウウオの産卵はほとんど終わっていた。

また孵化時期は、クロサンショウウオが３月上旬～５月上旬、ホクリクサンショウウオが４月中旬～５月上旬で、ホクリクサンショウウオ卵が孵化を始める頃には、クロサンショウウオ卵の70％以上が孵化を終えていた。

調査を始めるまでは、「弱い立場のホクリクサンショウウオのこと、クロサンショウウオよりできるだけ産卵・孵化を早め、大きく成長して捕食から免れているのだろう。だからこそ、共存が可能なのである」このように思っていたが、予想外の結果に驚いてしまった。ここは、捕食者と被捕食者の共存を可能にする稀有な環境なのである。またとない、貴重な場所なのである。

しかし残念ながら、池は道路建設によって消滅した。すぐ近くに、コンクリート製の代替池が造られたが、かつて60対以上産卵していたクロサンショウウオが、30年近くたった現在は、わずか数対を産卵するのみである。本種は適応力が高く、たとえその産卵場が消滅しても、近くに水場さえあれば、間もなく産卵し始めるのを何度も見ている。それなのに、なぜ増えないのか不思議である。道路工事の折、池ばかりでなく、サンショウウオもろとも、土砂の下敷きになってしまったのであろうか。ホクリクサンショウウオは今は全く産卵していない。

◆産卵場を造り、正確な繁殖生態を探る

今一つ忘れられないのは、U字形の回遊式人工水路で行った繁殖生態の調査である。この水路は、道路建設で消滅した産卵場の代替池として、すぐ横の放棄田に造られたものである。代替池を造っても、全く産卵しなかった前例がある。きっと産卵しないだろうとの思いから、当初は産卵状況を時折見に行く程度であった。

しかし予想に反し、当初から50対前後が産卵される有数の産卵場であることが分かった。ここは集落内に位置し、道路事情も非常に良い。調査には最適な場所である。しかもメスは、水底に設置した瓦下で全て

産卵してくれる。

放棄された溜め池（クロサンショウウオで語った場所）での調査では、横穴や洞が多く、水底には倒木や落葉が厚く堆積しているため、卵嚢の全てを把握することは不可能であった。そのため、産卵日や産卵数も正確に把握できず、したがって生息数の推定もできなかった。

しかしここでは、産卵数、産卵日、孵化日、そして成体の数など、知りたい情報は余すところなく正確に得ることができた。より詳しいデータを得ようと、10年間にわたって調査を行った。中でも2007年12月１日から2008年５月９日までの161日間と、2008年11月25日から2009年５月６日までの163日間は、文字通り毎日行った。この間は、遠方に出かけるなど一切できなかったが、お陰で詳細な繁殖生態を知ることができた。またその期間以外は、幼生調査などを月３回、定期的に行った。そのため、林床で餌を捕っていた雌雄が、地温が12℃以下となる11月中旬頃から産卵場近辺に移動して来ることも分かった。

これまでにも、クロサンショウウオ、ヒダサンショウウオ、ハコネサンショウウオでも数年間、毎日調査したことがある。しかし、１日も欠かさず調査に行くことは、何度やっても容易なことではない。生易しいものではない。特に、繁殖生態の調査は厳冬期である。時には１m近くの積雪の中、現地に行かなければならない。水温が10℃よりずっと低い中、手を長時間水中に浸けていなければならない。体調が悪くても休むわけにはいかない。

調査結果が、収入につながるわけでもない。むしろ圧倒的に持ち出しである。調査し報告しなければならない義務もない。「それなのになぜ！」と言われれば、ともかくサンショウウオのことが知りたいのである。自分の疑問を解決したいのである。

この調査で知りたかったのは、まず１つは代替の人工水路に果たして産卵してくれるかどうかである。かつては、一帯の水田用水路に産卵していた。放棄されて藪になった後も、湿地の水溜まりに産卵していた。

それが道路建設によって消滅し、すぐ近くに人工水路が造られた。かつて別の場所でも代替池が造られたが、産卵しないまま現在に至っている。だから、ぜひとも産卵してほしかった。そして、幸運にも産卵することが分かった。

次いで知りたかったのは、詳細な繁殖生態のデータである。雌雄は繁殖のためいつ産卵場に来て、いつ水中に入るのか。そのような行動を引き起こす環境要因は何か。オスは何日ぐらい水中に留まり、いつ上陸するのか。メスは産卵時のみ水中に入り、終えれば直ちに上陸してしまうのか。産卵を促す環境要因は何か。知りたいことがいっぱいあった。

それにはまず、全ての親を特定するとともに、産卵数を正確に知る必要があった。水路の周囲に幾つも板を敷き、やって来た親の隠れ場所とした。水底に等間隔にスギ葉を刺し、その上に瓦を被せて産卵場所とした。初めての試みであったが、繁殖にやって来た親の多くは入水前に板下に隠れ潜み、産卵は全て瓦下でなされた。そのため、産卵日を正確に特定でき、雌雄の動向も詳しく知ることができた。産卵場所として瓦を置くなど新しい試みで、これまで知らなかった多くを知ることができた。

ホクリクサンショウウオは、石川県の能登半島と富山県の一部にしか生息しない固有種である。したがって誰かが、詳細な繁殖生態を明らかにしておく必要がある。保護は、繁殖生態が分からなければできないからである。そしてそれができてほっとしている。

◆容易ではない産卵場の維持

それにしても、この人工水路を維持し管理するのは容易なことではない。道路建設で消滅する湿地の代わりに、すぐ横の放棄田に産卵場が造られることになった。その時、研究者として意見を求められ、提案したのが山川から水を取り込んで再び山川に戻すU字形の土水路である。

かつてここが田んぼであった頃、用水路は同様の土水路であった。そして絶えることなく水は流れ、順調に稲作が続けられていた。また用水路を調査した折、卵嚢は流れのない所より、多少流れのある場所に多く産卵していた。そのため、単に水の溜まる池より、水が流れる回遊式の方が産卵場としてより適切であろうと思われた。

それにしても、地面に溝を掘っただけの土水路より、三面張りのコンクリート製にした方がより丈夫で長持ちする。水底に溜まった土砂の撤去も容易である。それなのに、なぜ単純な土水路にしたのか。

かつて、サンショウウオの保護目的で、山麓の湧水地にコンクリート製の池を造ったことがある。完成後、直ちに卵嚢を放流したところ、卵嚢全てが白くなって死滅してしまった。コンクリートの灰汁（アルカリ成分）が原因であった。放流が可能になるまでに長期間を要した。そんな体験から、土水路の方が安全であると判断したわけである。

ところが実際に造ってみて、そんな甘いものでないことを思い知らされた。雨が降って谷川が増水すれば、たちまち土砂が流入し埋まってしまう。特に、雪解け後の早春と梅雨時期は激しく、土砂上げを頻繁に行わなければならなかった。約50ｍもある水路の土砂上げなど、一人でするのは容易なことではない。

時には、激しく流れる水勢で、水の取り入れ口や排水口が決壊し、水路が干上がってしまうこともあった。泥の上を跳ね回る幼生を目撃し、慌てて決壊場所を修復する。そしてようやく水が流れ、生きているのを確認してほっとする。そんなことが幾度となくあった。時には土砂や枯れ葉が排水口を塞ぎ、水が水路一帯に溢れ出すこともあった。そのため岸が崩れ、水路の体をなさなくなることもあった。このような事故が頻発するため、１日として目を離すことができなかった。幼生を、無事上陸させるのが日課となってしまった。

かつて水田であった頃、当然のように水は順調に流れており、土砂で埋まる危険性など微塵も感じさせなかった。だから、一度水路を造れば、いつまでも現状が維持されるものと思い込んでいた。しかしそれは、耕作に携わったことのない者の非常に甘い考えであった。水路は、耕作者の日々のたゆまぬ努力によって、維持・管理されていたのである。耕作者でもない者、時折調査に来る者には、そんな日々の努力が見えなかったのである。

この水路は、50対前後が産卵する、県内でも希少な場所である。ホクリクサンショウウオの保護のためには、ぜひとも残さなければならない産卵場である。それなのに、一時でも手を抜けば、たちまち消滅してしまう。そんな事態に困り果て、代替池の施工者に連絡し、次のように改善を求めた。

- 岸が水勢によって簡単に崩れてしまう。水路の両岸を板などで囲い、崩れないように補強する。
- 雨が降れば土砂が流入し、水路が埋まる。水の取り入れ口に溜め枡を設置し、少しでも土砂の除去された水が入るようにする。
- 排水口と山川を太いパイプでつなぎ、土手を補強する。パイプは上下に可動できるようにし、水深を調節できるようにする。

水路は丈夫で目の細かいネットで三面張りされ、崩れにくくなった。水の取り入れ口には溜め枡が設置され、土砂の流入が抑えられるようになった。排水口はパイプに変わり、谷川の水量によって水深を調節できるようになった（図９）。お陰で、幼生が干上がる心配もなくなった。

しかし一難去ってまた一難、今度は水路の後端部分の水底から約１m下の宅地に水が漏れ始め、ついには水底に大穴が開いて、宅地に流れ出す事態となってしまった。そのため、宅地の広い範囲に水が溜まり、宅地としての用をなさなくなってしまった。

かつてここは湿地で、水田が拓かれた折、暗渠排水用にたくさんの竹や木材が底に投入された。そしてそれらが、除去されないまま残っていたのである。そのため、水路の底から滲み込んだ水が、土中の竹や木材を伝って１ｍ下の宅地基部に漏れ始め、ついには大穴となって溢れ出したのである。

宅地に溢れ出す水は、排水路を造って山川に流すようにしたが、それもつかの間、一層穴は大きくなり、水路の水全てが流れ出す事態となってしまった。そのため、排水路だけでは受け止められなくなってしまった。水路にも水が溜まらず、産卵場として機能しなくなってしまった。

再度、施工者に依頼し、陥没して水が流出する水路の後端４分の１を、Ｕ字管に切り替えることにした。Ｕ字管はコンクリート製である。灰汁（アルカリ成分）の流出が心配されたため、できるならば使わないで修復できないか検討したが、広く底に暗渠排水材が敷き詰められており、また同様の事故が発生する可能性があった。

十分に使い古され、もはや灰汁の出ないＵ字管を使用した結果、幼生には全く影響がなかった。今のところ水は順調に流れているが、再びいつどんな事故が起きるかと思うと、心が休まらない。

それにしても、土水路で十分だと思って造ったところ、予想もしない様々な事故に見舞われた。県内でも有望・有数の産卵場をぜひ次に残したい。サンショウウオを研究している者として、これを次に残す責任がある。次第にこの思いが募り、事故に遭遇するたび暗澹たる思いに駆られた。維持・管理することの難しさを思い知らされた。

現在までこの産卵場の維持が可能だったのは、土地所有者の強力な後押しがあったからである。宅地の一部でありながら、希少な生き物をぜひ残したい、守りたいとご協力いただいた。産卵場に不都合が起きれば、施工者に率先して連絡し、保護のための提案をしてくださった。そのお陰である。

ホクリクサンショウウオは、世界農業遺産「能登の里山」を代表する生き物である。いや、能登の里山そのものを象徴する生き物なのである。だから、この生き物がいなくなったとなれば、能登の里山そのものが消滅したことを意味する。

高齢化が進み、放棄される水田が増加しているとはいえ、里山の田んぼはまだまだ健在である。また、ホクリクサンショウウオはマスコミなどに取り上げられるようになって、認知度も高まっている。その結果、保護に取り組む地域も現れている。

生息域の幾つかを、重点的な保護対象区域に選定し、地域の人々に保護を呼び掛ける。希少な生き物が地域に生息しているともなれば、必ず地域は保護に動き出すはずである。そのためには、保護すべき地域を選定し、保護を呼び掛ける公の機関が必要である。また、どうすれば守れるのかを、具体的に提案できる者が求められる。一人で保護しようと思っても、その力には限りがある。土地所有者の支援を得て産卵場を維持する中、思い知らされたことである。

3　渓流に産卵するヒダサンショウウオ

宝達山では標高200m以上に生息する。谷川に産卵する流水産卵性のサンショウウオである（図10）。紫褐色の背面に黄色の斑点が散布する。散布の仕方に個体差があり、斑点がごくわずかなものから、斑点が多数集まって斑紋となっているものなど様々である。

全長はオスが11.5〜14.8cm、平均13.2cm、メスは11.8〜15.4cm、平均は13.6cmで、メスの方がオスよりやや大きい。尾部は雌雄共に頭胴部より短く、ずんぐりした体つきをしている。オスの尾部は胴部よりやや長いが、メスでは短い。

繁殖期になると総排出口に雌雄差が現れ、オスの総排出口は単なる縦裂口であるが、メスでは周辺部が膨らみ、その前端内側に逆U字形の黒い色素の沈着が現れる。またオスは尾が平たくなり、先端がやや鰭状となる。

①繁殖期は深い雪の下

繁殖期は谷川が厚く雪に閉ざされた１月下旬から雪解け後の４月上旬頃で、その盛期は３月である。産卵開始は水温に依存し、水温の高い所から始まる。一般に谷川の水温は、標高の低いところで高く、高いところで低い。そのため、産卵は標高の低い谷川で早く、高所で遅くなる傾向がある。また、標高が同じであっても、水温は南向きの谷川で高く、北向きでは低い。したがって標高が同じであっても、産卵は南向きの谷川で早く始まる。

本種は川幅１ｍぐらいまでの、大人の頭大や拳大の石ががっちり組み合わさった、水底が砂礫の谷川に産卵する。しかし、よく似た環境であっても、岩礫が崩れやすい不安定な川、水底が泥質の川では産卵しない。産卵場となる谷川への雌雄の移動は、前年の11月中旬頃、地温が約９℃に下がる頃に始まり、４℃に下がる12月中旬頃に完了する。

移動して来た雌雄は、水底の石下に１組から数組集まって団子状となり、繁殖期が到来するまで冬眠する。繁殖期は融雪期に当たり、水量・流速共に非常に大きい。小石や砂を、激しく巻き込みながら流れ下っている。谷川へ移動した後、雌雄が別々の石下で越冬すれば、激しい流れの中で出会いを求めて動き回ることは不可能である。雌雄が固まって越冬することは、渓流という流れの速い環境への有意な適応と言えよう。繁殖を終えた雌雄はそのまま水中に留まり、４月下旬から５月上旬頃の雨の日に上陸する。

②幼生は孵化後もしばらく卵嚢内に

卵嚢は透明なバナナ状をしている（図11）。産卵直後の卵嚢外被は、非常に軟らかでぶよぶよしているが、時間の経過とともに吸水し、弾力のある硬い外被に変わる。そのため、流水に煽られて石に当たっても、簡単には破れない。外被に日光が当たると青色の光彩を放ち美しい。メスはこのような卵嚢を２つ産卵するが、２つは付着枝でつながり、その先端が石の下面にしっかり粘着されている。そのため、簡単には外れない。

卵嚢内は透明なゼリー状物質で満たされ、卵を保護している。メス１匹当たりの産卵数は17〜48卵で、平均は31卵である。卵は淡黄色をし、直径は５mm 以上ある。メスの体長と卵数、体長と卵径との間に正の相関があり、体の大きなメスほど大粒の卵をたくさん産む傾向がある。産卵に利用される石は、大人の掌よりも大きく、しかも雪解け時の増水でも決して崩れないよう、幾つかの石ががっちり組み合わさった場所が選ばれる。

産卵から孵化までの日数は、他のサンショウウオと同様、水温が高ければ早く低ければ遅い。産卵から孵化までの平均水温が４℃で約78日、６℃で約69日、８℃で約60日、10℃で約50日、12℃で約40日を要する。宝達山の場合、産卵から孵化までの平均水温は約９℃と考えられ、孵化までに約54日を要しているものと思われる。

４月下旬〜５月中旬頃、卵膜を破って孵化する。孵化直後の幼生は全長約２cm と小さく、前肢の指もまだ現れていない。外部に出ればたちまち流され、生きてはいけない。そのため、孵化しても卵嚢内から出ず、腹部に蓄えられた卵黄を消費しながら、流水に耐えられる体に成長するまで留まる。

卵嚢外に泳ぎ出すのは、孵化からおよそ20日後の全長約３cm、前肢の指が３指に分化した頃である。したがって、産卵から卵嚢外に泳ぎ出るまでに、約２カ月半を要する。厚い外被に覆われた卵嚢内は、水中に比べ溶存酸素が少ない。そのため、少しでも多く酸素を取り込もうと外鰓は伸長する。時に、全長ほどの長さに伸びることもあるが、流水中に出ると縮小する。幼生は５〜６月上旬頃に卵嚢外へ泳ぎ出る。

③指に黒爪がある幼生

止水産卵性の幼生の場合、流される心配がないため、孵化と水中への出現は同時である。しかし、流水産卵性の幼生が未発達な体で泳ぎ出れば、たちまち流されてしまう。そのため、孵化後しばらくは卵嚢内に留まり、ある程度流水に耐えられる体となって外に出る。とは言え、この段階の幼生は全長約３cm、前肢は３指に分化しているが黒爪はなく、後肢にはまだ指が現れていない。そのため、淀みの小石や砂利の隙間に潜り込んで、腹部に残存する卵黄を消費しながら成長を待つ。

前肢が４指、後肢が３指に分かれ、黒爪が前肢の２指に出現した頃に卵黄を使い果たし、淀みに生息する小さなヨコエビを餌として捕り始める。さらに成長が進めば、次第に流れの速い谷川の中心部にまで生活場を広げ、より大きな水生昆虫を捕るようになる。

７月中旬頃、全長が４cm以上となり、前後肢の指（前肢４指、後肢５指）全てに黒爪が揃ったものから順次、流れの速い渓流に流下していく。渓流は水源に近い谷川よりも夏季水温が高く、餌となる水生昆虫も豊富である。そのため、谷川よりも一層成長は良い。

しかし、成長の遅いものは渓流に流下せず、そのまま産卵場付近の谷川に留まって成長を続ける。その後、たとえ渓流に適する大きさに成長してもすぐに秋を迎え、成長に不適切な水温となるためである。

変態し陸へ上がるのは、８月中旬から秋にかけてである。しかし、成長が遅いものは変態上陸せず、その後も水中に留まって成長を続ける。そして、12月から翌春にかけて陸に上がる。水源に近い産卵場付近は、渓流に比べて夏季水温は低いが、冬季でも10℃前後と高い。そのため、冬季でも成長は可能である。変態直後の幼体の全長は４～６cm、平均は約５cmである。

④減少するヒダサンショウウオ

1981年、幼生の成長と変態時期を明らかにするため、A地点（標高約200m）、B地点（同約470m）並びにC地点（同470m）の３カ所で調査を行った。月２回、一定の範囲内の全ての幼生を捕獲し、全長を測定した。そしてこのような調査を、幼生が上陸し完全にいなくなるまで行った。

29年後の2009年、幼生の成長を再確認したく、３地点で全く同様の調査を行った。ところが、かつて最も多い時には、１回の調査で70～100匹を捕獲できた幼生が、29年後のA地点では最も多い時の約13%に、B地点では０に、C地点では半数以下に減少していた。併せて親も観察したく、かつて容易に採集できた幾つかの谷川で数日間試みたが、手にできたのはわずか２匹であった。

幼生が生息する谷川は、一見する限り水量や周囲の景観にほとんど変化がない。場所によっては伐採された枝が投棄され、産卵を確認できない谷川もあるが、それはごく一部である。ましてA～C地点は、29年前と見掛け上は全く変わらない。したがって、谷川の環境悪化が、幼生の減少をもたらしたとは考えにくい。

山林は放棄され荒廃が進んでいる。ある所では、倒木や枝折れで草が繁茂し、一面が藪となっている。また別の場所では、手入れされないまま鬱蒼と木々が生い茂り、下草も生えない暗所となっている。そのため、餌となる小動物も少ないものと思われる。あるいは伐採後、植林されないまま放棄され、荒地となっている所もある。

両生類の肺は作りが単純で、酸素の全てを肺のみで賄うことはできない。不足分を皮膚呼吸に頼っている。それには常に皮膚が湿っていなければならず、乾燥から身を守る森林が不可欠である。変態上陸後に生活する山林の荒廃が進んでいる。幼生が大きく減少していたのは、上陸後の生活環境の悪化から、親自体が減少したためかもしれない。

かつて、ある研究者から「このような生態調査も、いつまで続けられるか分かりません。環境悪化からサンショウウオが絶滅し、調査できなくなってしまう時代が来るかもしれません。だから、今のうちにしっかり調査しましょう」と言われたことがある。当時は、なんと大げさな、自分の住む宝達山は不変であると思っていた。理屈抜きに、そんな時代など来るはずもないと確信していた。

宝達山では、ヒダサンショウウオ幼生は標高約200ｍから約600ｍの水源にまで生息している。それに対し後述するハコネサンショウウオは、同じ流水産卵性の種でありながら、生息域は標高約200ｍから500ｍの範囲である。ハコネサンショウウオ幼生の生息域の方が狭い。それはヒダサンショウウオ幼生の方が、水量の少ない細流でも生息可能だからである。だから、ヒダサンショウウオの方がずっと適応力が高く、絶滅の危機に直面するなど思ってもいなかった。

しかし、もたらされた危機が、幼生が生息する水場ではなく、親が生活する森林環境の悪化であるなら、文字通り危機的状況といわなければならない。まだまだ生存可能な環境であることを願うばかりである。

⑤ヒダサンショウウオの思い出

ヒダサンショウウオの卵嚢は、日光が当たると青色に輝き美しい。初めて見た時の感動を今も忘れられない。何人もの研究者からそんな話を聞くにつけ、ぜひ見てみたいものだと思った。これが、ヒダサンショウウオを調べ始めた動機である。そして３月上旬、一面深い雪に覆われた渓流の淀みに沈む卵嚢を発見し、その美しさに感動した。しかしこれは、上流のどこかから流されて来たもので、内部の卵は既に崩れていた。そのため、いつ産卵されたものか不明であった。

繁殖期をぜひとも知りたい。そして、産卵直後の卵嚢を目にしたい。そう願うが、雪解け後に発見される卵嚢は、かなり発生の進んだものばかりであった。繁殖期は、山がまだ雪に厚く覆われたどこかにあったが、その時期を特定するのは不可能であった。産卵場である谷川が、厚い雪の下にあったからである。毎年、産卵直後の卵嚢を求め谷川を渡り歩いたが、無理であった。

◆ 産卵箱で繁殖期を探る

だったら容器に雌雄を入れ、雪に閉ざされない谷川に置いて産ませてみよう。そして繁殖期をはっきりさせよう。流水産卵性のサンショウウオでは、誰も試みたことのない方法であるが、繁殖期を特定するにはこれが一番だと思われた。1992年から2001年までの10年間、様々な谷川に容器を置いて試みた。

当初は手製の、蓋のない金網製の箱（縦50 cm×横30 cm×高さ50 cm）で行ったが、多数が金網を上って逃げ出してしまった。まさか50 cmの金網を上って逃げ出すなど、思ってもいないことであった。予期しない事態に、次回からは蓋付きのプラスチック容器（縦40 cm×横25 cm×高さ30 cm）に切り替えた。箱の周囲に多数の小さな穴をあけ、流水が外部と同じように流れるようにした。そして底には砂礫を敷き、その上に拳大以上の石を組み合わせて空間を作り、産卵場所とした。

それにしても、なぜ雌雄は50 cmの金網を上り、逃げ出してしまったのであろうか。箱にはオス19、メス13の計32匹を入れた。わずか縦50 cm×横30 cmの広さにこれだけ入れるのは多すぎる気もしたが、逆にこれだけ入れておけば必ずや何匹かは産んでくれるだろう。「下手な鉄砲も、数打てば当たる」の思いがあったからである。

しかし、２週間後に雌雄合わせて22匹が逃亡し、オス６、メス４の計10匹に減少してしまった。あわてて再度補充したが、やはり多数が逃亡した。高密度の環境を嫌って、脱出したのであろうか。それとも、クロサンショウウオやホクリクサンショウウオに見られるような、水生型に変化するための彷徨（さ迷い）行動であったのであろうか。蓋付きの容器に替えた後も、水底から抜け出して石の上に上っている姿が時折見られた。

後述する流水産卵性のハコネサンショウウオでも、同様の彷徨行動が観察されている。ヒダサンショウウオの逃亡も恐らく同様の行動と考えられ、繁殖期以外は決して水中に入らないサンショウウオが、水生型に生理的に変化するためには、こうした彷徨行動を必要としているようである。

産卵が終わって谷川から箱を引き上げたところ、裏側に多数の卵嚢が産み付けられていた。発生段階も、箱の中とほとんど同じであった。逃亡した雌雄は、遠い別の場所に行ったわけでなく、箱の裏側に潜り込んで産卵していたのである。

さて当初は、産卵が確実に行われている谷川の下流で行った。産卵していない谷川では、水質や温度などの環境要因が異なり、産卵しないかもしれないと危惧したからである。こうして調査を始めたが、必ずしも毎回、上手くいくとは限らなかった。

時には予想もしなかった大雪のため、行き着くまでに大変な難儀をしたことがある。それが何度も繰り返されると、「もう、諦めようか」と思ったことも度々であった。しかし、行かなければ産卵直後の卵嚢を手にすることはできない。手にしたいばかりに、無理を押して調査を続けた。

産卵が近づくと、雌雄の腹部中央に縦に走る赤く太い血管が浮き出、オスの総排出口周辺が赤く充血する。またメスは排卵し、下腹部が大きく膨らむ。この兆候に、いよいよ産卵も近いと心待ちにしていたところ、雪解け時の鉄砲水で産卵箱が破壊され、せっかくの苦労も水泡に帰してしまったこともある。

林道傍の谷川だと調査しやすい。こう思って安易に選んだところ、除雪車の雪で破壊されてしまったこともある。失敗すれば、その年は終わりである。二度とやり直しはきかない。次の年を待つことの長かったこと。
こうした失敗を繰り返しながらも、本種が生息しない谷川でも産卵は可能だ、との見通しが立った。そこで、調査が容易な自宅近くの谷川を選んだ。お陰で、観察が毎日できるようになり、産卵を25例、産卵から孵化までを23例、孵化から卵嚢外に泳ぎ出すまでを7例観察することができ、詳細なデータを得ることができた。その結果、最も早い産卵は2月下旬、最も遅い産卵は4月上旬で、その中心は3月であることが明らかとなった。
しかしこれは、あくまで容器で産ませた結果である上に、本種が生息しない低地での実験である。したがって、正しく野外の状況を反映しているのか不明であった。幸いなことに、容器に産卵させた胚の発生について、産卵直後から孵化までを水温との関係で詳細に調べたデータが23例あった。そのため、ある水温の時、胚が産卵からその発生段階に達するまでに何日を要するかが詳細に分かっていた。
また、野外で産卵された卵嚢について、発見時の発生段階と水温を記録したものが73例あった。そこで、73例の発見時の平均水温9℃を野外の水温と仮定し、73例がいつ産卵されたものか推定してみた。その結果、産卵期は1月下旬から4月上旬で、その最盛期は3月上旬であった。したがって、容器に産卵させた結果とほぼ同じであった。宝達山の繁殖期の中心は3月である。長年知りたかった繁殖期を明らかにでき、大変うれしく思ったものである。

◆調査地は、元火葬場近くだった

ただ、自宅近くの谷川を選んで困ったこともあった。谷川が、かつて集落の火葬場近くだったことである。子供の頃はどの集落でも、村外れに火葬場が置かれていた。そこは人通りもなく、夜ともなれば真っ暗闇である。その上、雨の日には人魂が飛び交うと、子供たちに恐れられていた。そのため、絶好の肝試しの場所となっていた。産卵箱を設置した時は、そのことをすっかり忘れていた。それどころか、我ながら良い場所を選んだものだと感心していた。

調査を行うのは、勤務終了後である。そのため、辺りは真っ暗闇である。懐中電灯で照らしながら火葬場跡を横切って、突然気付いたのである。ここは火葬場跡だと。その後の薄気味悪かったこと。早く春になって、日暮れの遅くなることをどんなに待ち望んだことか。ここで５年間、行った。今から思うと懐かしい思い出である。

中でも忘れられないのは、正に産卵直後の卵嚢を目にした時であった。卵嚢外被は日数が経過した物と異なり、軟らかで非常にもろく、青色に輝いていた。その輝きの美しいこと、思わず感嘆の声を上げたものである（図12）。

今一つ驚き忘れられないのは、水中石下で越冬する雌雄が、団子状に粘着し固まっていたことである（図13）。水中で過ごす雌雄が、このような形で越冬しているとは予想もしていなかった。野外では、石を動かすと同時に雌雄は四散し、石下でどのように潜んでいるのか全く分からなかったからである。

しかし考えてみれば、流れの速い谷川で雌雄が別々にいたのでは、あるいは同じ石下であっても離れて潜んでいたのでは、繁殖が迫ったことを互いに感知し、出会うことは非常に難しい。雌雄が団子状に固まっていれば、繁殖期の到来を互いに直ちに知ることができる。自らの子孫を確実に残すには、これしかない。これが最適な方法である。置かれた環境に適応し、自らの子孫を残そうとする姿に感心したものである。

産卵箱は様々な水域に置いたが、中にはほとんど止水に近い場所もあった。産卵は水温の高い場所から始まる。止水に近い場所は他よりずっと水温が高く、したがって産卵開始も早いだろうと予想された。しかし予期に反し、産卵は流水中よりずっと遅れた。不思議に思い、何度か別の止水に近い環境でも試したが、やはり流水中に比べ産卵は遅かった。

本種は流水に適応し、その中で産卵するよう進化して今日に至っている。止水に近い環境で産卵が遅れたのは、産卵を促すための流水刺激が不十分であったためと思われる。したがってこの点からも、本種が流水に適応した種であることが納得できた。

◆手探りで発生段階図表を作成

発生段階図表（産卵直後の未卵割の胚から変態上陸までの発生過程を、図と文章で説明）を作成したのも忘れられない思い出である。ハコネサンショウウオやクロサンショウウオなどについては、研究者によって既に発生段階図表が作成されていた。だからこれと照らし合わせれば、胚の発生状況を詳細に記録することができる。

しかし残念なことに、ヒダサンショウウオの発生段階図表は作成されていなかった。そのため、野外で卵嚢を発見しても、胚の発生状況を正確に記録することができなかった。宝達山の繁殖期を明らかにするためには、ぜひとも図表は必要であった。

だったら、自らの手で作成しよう。素人の無謀さから、安易に取り組むことを決心した。産卵直後の卵を求めたが、谷川が雪の下では手に入れようもなかった。手に入る最も新しい物でも、頭部が卵黄から持ち上がり、眼や尾となる部分がわずかに現れ始めた段階の胚であった。それより前の胚は、どうしても手に入れることはできなかった。

しかし、雪解け後に発見される胚は、この段階かそれより発生の進んだものばかりである。だから、それ以前の部分が欠けていても、野外では十分に役立つ。まずは、ここから取り組んでみることにした。

胚発生に関する知識はなかった。描写に、どのような器具が用いられているかも知らなかった。だから、ひたすら目にする姿を写しとり、発生状況を文章に記録した。何度も何度も失敗しながら、時のたつのも忘れ解剖顕微鏡をのぞき続けた。

記録しながら、単純な姿から複雑な形態に変化していく過程に感動した。こんな小さな卵が、時間とともに複雑な形態に変化していく。胸の辺りにこれまでなかった心臓が現れ、脈打ち始める。太い血管が現れ、そこから無数の毛細血管に枝分かれしていく。首の付け根にある３つの小さな隆起が、次第に伸びて枝分かれし、外鰓に変化していくのに驚いた。当初は、何になるのか分からなかった部分が、時とともにあるべき器官に発達していく。生命の神秘さに、驚き感動することばかりであった。

中でも我が目を疑ったのは、頬部に平衡桿（バランサー、図14）が現れ、そして消えていったことである。この平衡桿は、クロサンショウウオやホクリクサンショウウオなど止水産卵性の幼生に一時現れるもので、水中で未発達な体を平衡に保つ働きをしているといわれている。

それが、流水産卵性の胚に一時現れたのには驚いた。孵化後しばらく留まる卵嚢内は、止水である。だから姿勢を保つため、これが必要なのであろうか。しかし、卵嚢内は狭いうえに多数の幼生で混雑しているため、平衡を保つ余地などない。不必要である。

流水では無用であった突起物が、止水という新しい環境に進出し適応した結果、平衡桿としての機能を持つようになったのであろうか。あるいは逆に、止水で意味のあった器官が、山地に進出して流水に適応していった結果、痕跡として今に残ったのであろうか。その意味が分からなかった。

胚は、時間の経過とともにどんどん形を変えていく。発生が進んでいく。だから、素早く絵にし、その姿を文章にまとめなければならなかった。緊張の連続であったが、ともかくも変態上陸期まで仕上げることができた。

その後時折、発生初期の部分を付け加え、発生段階図表を完成させたいと思うこともあった。しかし、どうしても産卵直後の卵を手にすることができず、いたずらに時が過ぎ去っていった。完成させようと思い立ったのは、産卵箱で産ませることが可能となり、産卵直後の未卵割の卵を入手できるようになった20年後のことであった。

動物極側は、真上から実体顕微鏡やルーペでそのまま観察できたが、大変だったのは裏（植物極）側の写生であった。発生段階図表作成にどのような器具が用いられているのかさっぱり分からなかったため、ともかく透明容器に胚を入れ、仰向けになって姿を目に焼き付け、図にするほかなかった。

勤務が終わって家に帰れば急いで食事をし、上から横から下からと、様々な姿勢で写生と変化の様子を記録し続けた。どんなに遅く帰っても、観察と記録を継続した。発生が早くて苦労したが、20年がかりで長年の宿題を終わらせることができた。お陰で、野外での胚発生の状況を正確に捉えることができるようになった。

図表を作成しながら、様々な新しいことを学ぶことができた。と言うよりむしろ、全てが未知の体験であり、学びであった。そして知った一番は、あるものを細部にわたって理解するには、精密な写生が一番だということであった。

◆ネットを張って越冬移動期を探る

今一つの思い出は、産卵場となる谷川に、いつ雌雄が現れるかを調査した時のことである。長年の調査から、繁殖に先立つ前年の11月、谷川に移動して来ることは分かっていた。しかし、11月のいつ頃、何を契機に移動して来るのかが全く分かっていなかった。

そこで、数多く産卵されている谷川の一部をネットで囲み、正確な移動時期と移動を促す要因を探ることにした。好都合なことに、標高470mの谷川に、約3mにわたって上流から押し流されて来た岩礫が堆積し、その上を土砂が厚く覆って伏流水となっている部分があった。そして絶好の産卵場所となっていた。

そこを縦3m×幅1m×高さ0.5mのネットで囲み、移動して来た雌雄が伏流水中に入れないようにした。また、ネットの周囲に板やむしろを敷いて、やって来た雌雄の隠れ場所とした（図15)。とは言え、ここは谷川である。雨が降って増水すれば、ネット下部の土砂がえぐり取られ、ネット内への侵入を許すかもしれなかった。しかし、やってみなければ分からない。ともかくやってみることにした。

毎日現地を訪れ調査したが、ネットの根元を流水でえぐり取られる心配はなかった。成功であった。こうして２年間調査し、移動は地温が９℃に下がる11月中旬頃に始まり、４℃になる12月中旬頃で終わることが明らかになった。

雪解け後から積雪で現地に行けなくなるまで毎日行ったが、どんなに忙しくても毎日訪れるのは大変であった。積雪で車がスリップし、生命の危険を感じたことも度々であった。しかし、大変であってもやり遂げれば、必ずそれなりの成果はあるものである。谷川にネットを張って越冬移動期を探る。ある意味、奇想天外な試みであったが、好立地にも恵まれ、かねて知りたかったことを手にすることができた。

そして今一つの思い出は、山の四季を肌で感じられたことである。変化していく自然を、身をもって体験できたことである。これまで山野草に無関心であったが、いつしか植物図鑑を手にするようになっていた。そして、少しずつ植物名を覚えられるようになった。キクザキイチゲ・イワウチワ・ミスミソウ・シライトソウ……。身の回りにも、様々な野草があることを知った。調査地の近くで、ササユリの群落を目にした時には、その美しさに感嘆したものである。サンショウウオ調査をしなければ、野草に目を向けることなどなかったであろう。

4　肺のないハコネサンショウウオのグループ

サンショウウオは水中から陸に上がるとき、水中遊泳に必要な背鰭や尾鰭がなくなり、呼吸が鰓から肺に変わるなど、急激に陸上生活に適した体つきに変わる。この変化を変態というが、鰓から肺に変わるといっても、肺は魚の浮袋に毛細血管が走る程度の単純なものである。そのため、肺だけでは必要な酸素を全て賄うことができず、不足分を皮膚呼吸で補っている。皮膚から酸素を取り入れるためには、体表面が常に湿っていなければならず、乾燥から体を守るための森林が不可欠である。

ところが、このような肺すら持たず、呼吸の全てを皮膚呼吸に頼っている無肺のサンショウウオがいる。無肺のサンショウウオは、日本産ではハコネサンショウウオのグループのみで、他種にはいない。なぜこのグループのみは、肺を持たないのであろうか。それは、渓流中では肺が浮袋の役目をし、浮き上がって押し流されてしまうからである。そのため失われたと考えられ、その証拠に胚の発生過程で一時肺の痕跡が現れる。恐らく本種の祖先は、元々平地の止水に産卵していたものが、何らかの理由で流れの速い山地の渓流に進出し、そこに適応していく中、肺を失ったと考えられる。

ヒダサンショウウオの項で、胚の発生過程で一時平衡桿が現れることを述べた。そしてその理由を、流水では無用であった突起物が、止水という新しい環境に進出し適応した結果、平衡桿として機能するようになったのか？　あるいは逆に、止水で意味のあった器官が、山地に進出して流水に適応していく中、痕跡として今に残ったのであろうかと述べた。ハコネサンショウウオは流水に適応していく中肺を失ったが、その証拠は胚の発生過程に痕跡として残されている。したがってヒダサンショウウオの祖先も、元々は止水産卵性であったものが、山地に進出し渓流に適応する中、平衡桿としての機能を失った。そしてその痕跡が、胚の中に残った。このように考えた方が妥当のようである。

しかし、同じ流水産卵性の種でありながら、ヒダサンショウウオには肺がありハコネサンショウウオにはない。なぜであろうか。それはきっと、ハコネサンショウウオの方がより急峻な高山帯にまで進出し適応していったからであろう。そこでの渓流は、低山と違って水量が多く流れも速い。そんな中で浮き上がれば、いっぺんに流されてしまう。だからこそ、肺を失ったのであろう。

宝達山に生息するハコネサンショウウオも、もちろん肺を持たない。そのため、他のサンショウウオ以上に乾燥から身を守るための湿潤な森林が必要で、生息域が限定されている。したがって、その地域の自然度を示す重要な指標ともなっている。ハコネサンショウウオ属の種が生息しているということは、まだまだ深い森、豊かな自然が残されている証拠である。

ところで、ハコネサンショウウオ属のサンショウウオは、これまで長い間ハコネサンショウウオただ１種とされてきた。しかし、その分布域は本州・四国の広域にまたがり、生息環境は地域によって様々である。他のサンショウウオはそれぞれの生息環境に適応し、様々な種に分かれていった。それなのに、なぜ本種のみはそれぞれの環境に適応し、幾つもの種に分かれていかなかったのであろう。なぜただ１種のまま、今に至っているのであろうか。それが長年の疑問であった。

しかし2012年以降、DNA の解析からハコネサンショウウオの中に幾つもの別種が紛れ込んでいることが分かり、新しくキタオウシュウサンショウウオ、シコクハコネサンショウウオ、タダミハコネサンショウウオ、ツクバハコネサンショウウオ、そしてバンダイハコネサンショウウオの５種が発見され、従来のハコネサンショウウオと合わせて現在は６種とされている。

①宝達山のハコネサンショウウオ

宝達山に分布するのは、従来のハコネサンショウウオで、新しく発見された５種とは別種である。宝達山では、標高200 m 以上に生息している。全長はオス13.4〜18.8 cm、平均16.3 cm である。メスは12.6〜17.7 cm、平均15.1 cm で、オスの方が大きい。またオスの尾は頭胴部よりずっと長いが、メスでは短い。そのため、オスはほっそりとした体形をしているのに対し、メスはずんぐりした印象を与える。紫褐色の体に褐色の斑点が尾端まで無数に散らばり、時にはそれらが集まって帯状の斑紋となる（図16）。

日本産のサンショウウオは全て体外受精で、メスの総排出口から産み出される卵嚢を、オスは後肢で抱え込んで精子をかけ、受精させる。ハコネサンショウウオの場合、卵嚢は流水中に産み付けられるため、繁殖期になると流水に流されないよう、雌雄の前後肢の全ての指先（前肢４指、後肢５指）に黒いかぎ爪が現れる。オスは尾の末端が薄く鰭状になり、毛細血管が浮き出て赤く充血する。また体外受精の際、表面が滑らかな卵嚢を後肢で抱えやすくするため、後肢第５指の外縁が水膨れしたように大きく膨れ、足裏に無数の黒い小突起が現れる。このように、繁殖期になると雌雄で外形が大きく異なる性的二型を示す（図16）。

なお、足裏に現れる黒色の小突起は、これまでオスの後肢のみとされていたが、宝達山のハコネサンショウウオの中に、雌雄の前後肢に現れる集団が見付かっている（図17）。この違いを、単なる種内変異と見るべきか否か問題である。これについては後述したい。

②年に２回ある繁殖期

宝達山のハコネサンショウウオでは、繁殖期が明確に年に２回あって、初夏（５月中旬～７月中旬）に繁殖するものと初冬（10月下旬～12月下旬）に繁殖するものが明らかになっている。同じ宝達山のハコネサンショウウオでありながら、初夏に繁殖するものは初夏のみ、初冬に繁殖するものは初冬のみに限られ、初夏・初冬の両方に繁殖する個体はいない。したがって、２つの個体群は互いに交配することなく、明確に生殖隔離されている。

体の大きさもやや異なり、初夏繁殖個体群の方が初冬繁殖個体群より雌雄共にやや大きい。初夏繁殖個体群では、オスの全長は15.3～18.8 cm、平均16.7 cm であるのに対し、初冬繁殖個体群は13.4〜18.3 cm、平均は15.9 cm である。メスでは初夏繁殖個体群が13.6〜17.7 cm、平均15.3 cm であるのに対し、初冬繁殖個体群では12.6〜16.6 cm、平均は15.0 cm である。

よく似た２種が同所的に生息する場合、一方は体を大きくし、他方は小さくなることで餌などの競合を避け、共存を図っているという。繁殖期が異なる上に、体の大きさも違っている。また、先述した繁殖期に現れる足裏の黒色小突起が、初冬繁殖個体群ではオスの後肢のみであるが、初夏繁殖個体群の場合は雌雄の前後肢に出現する（図17）。そのため、２つの個体群は別種でないかとの印象も受けるが、遺伝的解析がなされていない現状では何ともいえない。

ただ２つの個体群は繁殖期が明確に異なり、生殖的に隔離されている。したがって、遺伝子の交換はない。いつ２つの集団に分かれたのか不明であるが、隔離されて間もない段階であれば遺伝的違いは小さい。しかしその差は、時とともに大きくなっていくはずである。

種とは何か。難問であるが、私は生殖隔離が存在すれば、２つは別種であると考えている。あるいは種分化の道は、生殖的に隔離された瞬間から始まるのであって、遺伝的違いがどの程度であれ、別種であると思っている。したがって、初夏繁殖個体群が従来通りのハコネサンショウウオであれば、初冬繁殖個体群は「ホウダツハコネサンショウウオ」とでも呼ぶべき別種であろうと思っている。ともあれ宝達山のハコネサンショウウオは、２種が存在しているのか否かの大きな問題を投げかけている。ぜひとも解明しなければならない課題である。

さて、繁殖期以外は、産卵場周辺の森の中で昆虫やミミズなどの小動物を食べ、繁殖期に備える。移動範囲はかなり広く、産卵場（詳細は後述するが、湧水口から奥の地下水中）から１km 以上も離れた場所でも見られる。

繁殖期が近づくと、一斉に産卵場への移動を始める。移動の際、本種は生息場所から近くの谷川に入って遡上するか、あるいは流下するかして産卵場に至るとされているが、宝達山では水源からその上にも広く生息している。そのため、直接陸上を移動して産卵場にやって来る場合も多い。初夏・初冬繁殖のいずれの場合も、移動は地温が10〜20℃の間で行われる。

繁殖期が５月中旬〜７月中旬の初夏繁殖の個体では、雪解け後、地温が10℃以上となる４月中旬頃に冬眠から目覚め、産卵場への移動を始める。そして20℃以上となる６月下旬頃までに移動を終える。

繁殖期が10月下旬〜12月下旬の初冬繁殖個体の場合は、地温が20℃以下となる９月下旬に始まって、10℃以下となる11月中旬頃に終わる。

非繁殖個体の活動もこの温度に制約され、活動期間は４月中旬頃から６月下旬頃までと、９月下旬から11月中旬頃までの約５カ月間である。そして、20℃を超える夏季と10℃以下となる冬季は、近辺の湧水口から奥の地中に入り込んで休眠する。ここは１年を通して10℃前後を示し、夏は涼しく冬は暖かい。

初夏繁殖個体群の繁殖周期も恐らく同じと思われるが、初冬繁殖個体群の場合は毎年ではなく、オスは２年、メスは３年に一度である。摂食活動期間が５カ月と短いため、餌不足から次の繁殖準備に時間を要するためと思われる。中でも、卵を育てなければならないメスは、オス以上に多くの栄養が必要である。繁殖周期がオスより１年長いのもそのためである。

③地下水中にある産卵場

産卵は流水中で行われる。しかし、産卵場の発見は非常に難しく、本種の研究が始まって以来、多くの研究者によって探し求められた。しかし、あまりにも発見できないため、一時は外国産のある種のように、卵胎生（卵がメスの体内で孵化し、幼生となって現れる）ではないかと考えられた時期もあった。

ようやく1934年になって、福島県枯木山の渓流と栃木県男鹿川で、続いて1937年に四国石鎚山で産卵場が発見され、卵胎生説は否定されるに至った。これら３カ所の産卵場は、いずれも標高1200ｍを超える高山の水源に近い渓流で、「湧水の流出する岸壁の割れ目の奥（枯木山)」や「滝壺とでもいうべき底（男鹿川)」、あるいは「渓流中にある巨岩下部の隙間で、流水が奔出しているような場所（石鎚山)」であった。

その後ずっと新しい発見はなかったが、1982年になって宝達山から２カ所の産卵場が発見され、45年ぶりの快挙として新聞・雑誌・テレビにも大きく取り上げられた。１つは標高300ｍにあり、今一つは標高450ｍの地点である。

２カ所とも、これまでの発見例に比べ標高がずっと低く、産卵場環境も大きく異なっていた。いずれも源流に近い渓流に流入する細流の水源で、湧水口から数メートル奥に入った地下水中が産卵場であった。

そこは拳大から頭大の石ががっちり組み合わさり、容易には崩れない安定した場所である。地下水量は豊富で、水温も年間を通して10℃前後と安定している。また、湧水口一帯は上部から崩れ落ちた岩礫や土砂に厚く覆われているため、元々の湧水口がどこにあるのか全くわからない。そのため、ヘビなどの外敵も入り込めない安全な場所でもある。

④非常に頑丈な卵嚢

卵嚢はがっちり組み合わさった石の下面に、房状に産み付けられていた（図18)。半透明で円筒形をした白色の卵嚢外被は丈夫で厚く、流水に煽られて周囲の石に当たっても決して傷つかない。卵嚢の長さは約４cm、幅約1.3cmで、卵嚢内の卵は卵膜に包まれ、卵と卵の間はゼリー状物質で満たされている（発見時の大きさで、産卵直後はずっと小さい)。卵膜自体も非常に丈夫で、1mの高さから床に落としても、内部の卵は決して潰れない。メスはこのような卵嚢を2つ産出するが、その先端は紐状の付着枝（約2cm）で合わさり、しっかり石に粘着されている（図19)。付着枝も丈夫で、素手で石から引きはがすことは難しい。

1卵嚢中の卵数は7～18個で、平均は12個である。卵嚢中の卵の配列は、ほとんどの場合2列であるが、数が多い時には3列である。卵は淡黄色をし、直径は5mm以上ある。1匹のメスはこのような卵嚢を2つ産むから、平均産卵数は24個である。そして産卵数は、初夏・初冬繁殖個体群のいずれも同じで、違いはない。

先にも記したように、日本産のサンショウウオは全て体外受精で、メスが総排出口から卵嚢を産み始めると、オスがこれに後肢で抱き着き受精させる。メスが産卵を始めた瞬間、オスが群がって卵嚢に抱き着けば、産卵は瞬く間に終わる。しかし、オスの包接がなければ長時間を要する。したがってオスの受精行為は、同時にメスの産卵を助ける助産師の役割もしているわけである。

かつて捕獲したメスが、オス不在のまま産卵を始めたことがあった。しかし、卵嚢を出し切れないまま死亡してしまった。卵嚢が顔を覗かせた総排出口は円く大きく拡張し、血だらけであった。卵嚢はメスの総排出口より大きい。この大きな卵嚢を産出するには、オスの受精行動による介助がなければ、非常に難しいことを思い知らされた。産卵場には、メスの到来を待つオスが群がっている（図18)。産卵が始まれば、これらオスは競い合って卵嚢に抱き着き、瞬く間に排出させているものと思われる。

⑤彷徨行動は新天地開拓のためか

なお、産卵場にやって来た雌雄の中に、これまで述べてきた他のサンショウウオと同様、産卵場内に定着しないまま出て行き、時間を置いて再び戻って来たものがいた。オスでは産卵場から外に出た後、10〜19日後に戻って来た。メスでは４〜40日後に再び現れた。このように、水中に入ってもすぐには定着せず、何度か水中と陸上を行ったり来たりする彷徨行動が見られる。このさ迷うような行動は、尾が鰭状になったり足裏の黒色小突起が発達したりするなど、水中生活に適応した体つきになるための準備過程と考えられる。

これまで述べてきたクロサンショウウオ、ホクリクサンショウウオ、そしてヒダサンショウウオでも、このような彷徨行動が見られた。なぜ繁殖前の貴重な体力を、あえて消耗するような行動が、淘汰されずに今日まで残ったのであろうか。もちろん、陸生型から水生型への生理的変化のためであるが、であるなら、幼生が水中から陸に上がる時、短時間で陸生型に変態したように、繁殖雌雄でもそのような選択が働いてもよさそうに思われる。それなのになぜ、あえて無駄とも思われる行動が、今日まで残ったのであろうか。

本種の産卵場は渓流に注ぐ細流の地下水中で、石が強固に組み合わさった崩れにくい場所である。しかも湧水口は、斜面の上から崩落した土砂や岩礫に覆われていて、全く見えない。非常に安定した安全な場所である。

しかし、このような安定した場所でも、必ずしも永遠とは限らない。時には台風や山火事などで森林が荒廃し、地下水量が減少したり枯渇したりすることもある。山崩れで、水源地一帯が消滅することもある。あるいは大水害で、渓流そのものが大きく様変わりすることもある。ハコネサンショウウオの長い歴史の中には、このような災害が数知れずあったに違いない。また時には、収容力以上に個体数が増え過ぎ、新天地を求めなければならないこともあったに違いない。

そんな折、彷徨行動が新天地開拓の役割を担ってきたのではないだろうか。だからこそ、長い歴史の中でも淘汰されず、生き残ってきたのではないだろうか。あるいはこの行動がなければ、様々な場所へ分布を広げることはできなかったのではないだろうか。したがって彷徨行動は、新しい場所を切り開くための重要な役割を担っているのであり、だからこそ今日まで絶滅を免れ、分布域を拡大することができたのである。このように想像している。

ハコネサンショウウオの彷徨行動は、オスでは10〜19日、メスでは４〜40日の長期間に及び、多種に比べて非常に長い。同じ流水産卵性のヒダサンショウウオの場合、産卵に適した場所は、１本の渓流中であっても近辺に幾つもある。しかしハコネサンショウウオの場合、産卵に適した好条件の場所は稀で、遠く離れていることが多い。そのため、新しい場所の開拓には長時間を要する。本種の彷徨行動が長いのは、そのためであろうと解釈している。

もちろん、分布拡大には彷徨行動のみが関わっているわけではない。餌を求めて移動中、あるいは越夏や越冬目的で湧水口の奥に入った時、繁殖に最適な環境であったため、そのままそこが産卵場として利用されていったこともあるだろう。ともかく、彷徨行動も分布拡大の一助を担っている。そう理解しなければ、この行動の進化的意味が解釈できないのである。

⑥他種に比べ非常に長い幼生期間

宝達山には初夏と初冬に繁殖する２つの個体群が存在するが、その主たる繁殖期は産卵場毎に異なるものと思われていた。例えば、Ａの産卵場は初夏繁殖個体群のみが、Ｂは初冬繁殖個体群のみが利用するため、２つの個体群は棲み分けしているものと思われていた。しかしその後の詳細な調査によって、宝達山の全ての産卵場で年２回産卵されていることが明らかになった。したがって、それぞれの産卵場周辺には、生殖的に隔離された２つの個体群が混在し、生活しているわけである。

５月中旬～７月中旬の初夏に産卵されたものは、約５カ月後の10月以降に孵化する。孵化が近づくと、卵嚢外被の所々が薄くなって穴が開き、幼生はそこから頭部を突き出して体を左右にくねらせながら離脱する。孵化直後の幼生の全長は約2.8cm、前肢は４指中の３指まで現れ、黒爪は第２指までしかない。後肢はその先端が幅広い板状で、まだ指が現れていないため、流水中を自由に泳ぐことはできない（図20）。そのため、腹部に蓄えられた大量の卵黄を消費しながら約10カ月間、産卵場内や伏流水中の淀みに留まって成長を待つ。そして、全長が３cm前後に成長し、前肢４指、後肢５指の全てに黒爪が現れた翌年の８月から初秋にかけて細流に現れる。

10月下旬～12月下旬の初冬に産卵されたものは、初夏産卵の場合と同様、約５カ月間経過した翌年の４月から初夏にかけて孵化する。そしてさらに約10カ月間、産卵場や伏流水中で過ごし、翌々年の３月初旬頃から春にかけて太陽の下に現れる。したがって初夏・初冬産卵のいずれの場合も、最も小さな幼生が人目につくようになるのは、産卵から約15カ月経過した後である。それに対し、止水産卵性のクロサンショウウオやホクリクサンショウウオは、孵化直後から水中で目にすることができる。止水産卵性の幼生とは異なる大きな特徴である。

さて、流水生活ができるようになって現れた幼生の全長は約３cm、外鰓は短く頭胴部は上から押しつぶしたように扁平である。前肢４指、後肢５指の全てに発達した黒爪を備え、４肢に逆流を防ぐ翼のような小さな襞（ひだ）がある。尾鰭は後肢より後方から始まり、止水性のものに比べずっと発達は悪い（図21）。これらは、流水に逆らって水底を歩き、カゲロウ・カワゲラ・ヨコエビなどの底生小動物を食べやすいように適応した特徴である。

産卵場から現れた最小幼生は、産卵場付近の流れの緩やかな細流に留まってヨコエビなどを餌とするが、しばらくして流れの速い渓流に流下して行く。幼生の生息域は夏季水温が20℃を超えない流域に限られており、初冬繁殖の幼生は最下流部まで流下するのに対し、初夏繁殖の幼生はそれより上流部の低温域に留まる傾向がある。そのため、餌をめぐる両者の競合は緩和されている。したがってこの点からも、両者は別種であるといえよう。

止水産卵性の幼生では共食いが顕著であるが、本種幼生では極めて稀で、産卵場内に侵入した大きな幼生が、孵化後間もない幼生を食べているのを一度目撃しただけである。

鰓呼吸から皮膚呼吸（本種には肺がない）に変わって上陸する変態期は９月から10月の秋で、この期間に黒爪や外鰓、尾鰭を消失した幼体が水際やその周辺で観察される。初夏繁殖・初冬繁殖のいずれの幼生も秋に変態上陸するとすれば、幼生期間は初夏繁殖幼生が１年10カ月、初冬繁殖幼生は２年４カ月である。幼生期間が、初夏繁殖幼生の方が初冬繁殖幼生より６カ月も短い。それは、初夏繁殖幼生の成長が、低温の中でも初冬繁殖幼生より早いためである。変態直後の幼体の全長は、7.2〜10.2 cm、平均は8.5 cm である。

⑦長寿のハコネサンショウウオ

産卵から親になるまでの年数は、初冬繁殖個体群では雌雄共に約６年である。寿命も非常に長く、オスでは20年以上、メスでは30年以上の存在が示唆されている。初夏繁殖個体群の寿命は不明であるが、やはりこれに近いものと思われる。産卵から孵化までの期間（約５カ月間）、幼生期間（初夏繁殖は約１年10カ月間、初冬繁殖は約２年４カ月間）、寿命（オスは20年以上、メスは30年以上）など、いずれもが際立って長い。他種と大きく異なる特徴である。

本種の産卵場は、ヘビなどの外敵も入り込めない地下水中で、水量も周年を通して豊富で安定している。幼生が生活する水域も水量豊かな源流部で、餌となる水生小動物も豊富である。そのため、止水産卵性サンショウウオの水環境のように、餌が不足したり干上がったりする心配はない。産卵数が少なく、低水温のため成長に時間がかかっても、それを上回る安定・安全な環境といえる。

本種の活動は地温10～20℃の間に制約され、摂食活動期間は約５カ月と短い。そのため、繁殖周期がオスで２年目毎、メスで３年目毎のものがいる。生物は、自らの子孫を最大限に残せるよう進化し、今日に至っている。しかしながら本種の場合、性成熟するまでの期間、繁殖周期のいずれもが長い。そのため、自分の子孫を最大限に残す進化の方向とは相反する印象を受ける。しかし、寿命がオスで20年以上、メスでは30年以上もあり、長寿によってその欠点は十分補われているものと思われる。本種の生息環境は餌が豊富で外敵も少ない。長寿を可能とする安定した環境だと言えるのかもしれない。

⑧生存を脅かす生息環境の悪化

幼生期間は初夏繁殖個体群が１年10カ月、初冬繁殖個体群では２年４カ月もあって、水中生活期間が長い。そのため、水質や生息環境が安定していなければ生存できない。しかし、幼生が棲む上流域は河川工事の対象になりやすく、かつて多数の護岸・堰堤工事が行われた。この時に出るコンクリートの灰汁（アルカリ成分）は非常に有害で、下流域の幼生の多数が死滅した。また、汚泥が外鰓に張り付き、呼吸困難から死亡した幼生も多くいた。おびただしい数が川岸に打ち上げられているのを目にし、愕然としたものである。

幼生の生命を奪うのは、工事中の灰汁や汚泥だけではない。むしろ、その後の影響の方がより大きいと言わなければならない。幼生は、夏季水温が20℃を超えない溶存酸素の豊富な水域を生息場所としている。しかし、生息域に階段状の堰堤が幾つも構築されると、流れが緩やかになって溶存酸素が不足するようになる。また、夏季水温が20℃を超える環境に変わってしまう。宝達山のような低山では、20℃以下の水域がもともと短いにもかかわらず、一層狭められてしまった。

また、たとえ水温が20℃を超えなくても、流速の減退から泥や砂が水底に厚く堆積し、浮石のない流れとなってしまう。そのため、幼生の餌となる水生昆虫が減少し、幼生の棲めない環境となってしまった。

護岸工事も、幼生に大きな影響を与えた。護岸される前は所々に広い川原があったが、この川原が洪水時の幼生の隠れ場所、洪水から身を守る避難場所を提供していた。かつて、砂洲の木々を押し倒し、押し流すほどの鉄砲水が発生したことがある。激しい流れを目撃し、これでは幼生も生きていないだろうと心配された。翌日は快晴で、穏やかな流れに変わっていた。増水のため、水際から数メートルも離れた川原の石もまだ濡れていた。増水時、ここまで激流に洗われていたのである。

何気なしに石を持ち上げたところ、そこに幼生が潜んでいた。岸から遠い流れのないこんな所に、なぜ幼生がいるのだろう。これでは死んでしまう。びっくりして周囲の石を調べたところ、そこかしこに潜む幼生が目撃された。

幼生は洪水時、平生は流れのない川原まで移動し、石の隙間に潜り込んで激しい流れから身を守っていたのである。川原の存在が、渓流を生息場所とする幼生にとって、いかに重要であるかを思い知らされた出来事である。

川原の必要性は、洪水という危機的状況の時だけではない。渓流には、３～10cmの様々な大きさの幼生が生息している。そしてそれらは、各々の体長に合った流域を利用し生活している。大きな幼生は、流量・流速共に大きな水域を生活場とし、大きな水生昆虫を餌としている。遊泳力の弱い小さな幼生は、流れの穏やかな川岸近くで小さな水生昆虫を捕っている。このように、体の大小に応じた棲み分けをしている。しかし、護岸されれば川原はなくなり、小さな幼生の居場所がなくなる。護岸工事や堰堤工事で、幼生は危機的な状況に置かれている。

しかし危機は、幼生ばかりではない。上陸後の幼体（未成熟の個体）や成体でも同様である。サンショウウオの肺は構造が単純なため、不足分の酸素を皮膚呼吸で補っている。そのため、乾燥から身を守る森が不可欠である。まして肺のないハコネサンショウウオには、一層湿潤な深い森がなければ生きていけない。

かつて宝達山は、クヌギやミズナラ・コナラ・クリなどの落葉広葉樹が繁茂し、地表はこれらの落葉に厚く覆われていた。そして、餌となる小動物も豊富であった。しかしある時期、これらが大規模に伐採され、杉が植林された。むろん、間伐や枝打ちなどの管理が行き届いていれば、林床に光が届いて下草も繁茂する。したがって、餌となる小動物も存在できる。しかし放棄されれば、雪害・台風等による枝折れや倒木で荒地化する。あるいは枝が伸び放題に繁茂し、薄暗い林床となれば、餌となる小動物はいなくなってしまう。

１つの産卵場は、広い落葉広葉樹林帯の中にあって、湧水量も周年豊富であった。しかしある時、これらの一切が伐採され、代わって杉苗が植栽された。その後数年は管理されていたが、成長途上で放棄されて荒地化してしまった。そのため地表は乾燥し、生息不能の環境となってしまった。また、保水能力も大きく減退したため、地下水量が著しく減少し、産卵場としての機能が失われた。

宝達山には、卵嚢が確認された場所が２カ所、３cm 大の最小幼生が流出してくることから、産卵場に間違いないとされる場所が３カ所の計５カ所の産卵場があることが明らかになっている。しかし、１つは堰堤工事で破壊され、１つは護岸工事で水脈が絶たれた。そして２カ所は、森林の荒廃や森林伐採から地下水が枯渇し、産卵場としての機能が失われてしまった。現在、残りの１カ所のみ産卵場として機能しているが、森林の荒廃が進んでいる。果たして、いつまで存続できるか分からない状況にある。

本種は *Onychodactylus japonicus* の学名の通り、日本と名の付けられた数少ない動物である。また江戸時代、オランダ通信使が江戸に上る際、箱根山で採取されて西洋に送られ、学名が付けられた日本を代表するサンショウウオでもある。しかも、宝達山には初夏繁殖型と初冬繁殖型の２つの個体群が存在し、別種か否かも解明されていない。あるいは無肺の有尾類であることから、その地域の自然度を測る重要な指標ともなっている。ぜひとも生き延びてほしいものだと願っている。

⑨ハコネサンショウウオの思い出

ハコネサンショウウオとの関わりは長い。私が小学生の頃、宝達山登山が恒例行事であったが、登下山の折に必ず休憩する場所があった。本種幼生が生息する川原である。「このサンショウウオは、冷たくきれいな水にしか棲めない。だから、ここにしかいない大変珍しい生き物である」大人から、このように聞かされていた。また病人が、これを生きたまま呑めば、たちまち病気も治る神秘の力を宿している、とも聞かされていた。そのため、そんな珍しい生き物を一目見ようと、子供たちは川中を探し回ったものである。

四角い頭部に扁平な体、指の先には黒い爪がある。確かに、神秘の力を宿していそうな不思議な姿をしていた。それが本種との最初の出会いであった。ただ、いつでも大小様々な大きさのものが見られることから、長い間大きな幼生が親だろうと思い込んでいた。サンショウウオもカエルと同じ両生類である。だから、いつかは陸に上がるはずである。知識としては知っていたが、現実を理解する力とはなっていなかった。

◆産卵場を求めて

それが大きな間違いだと知ったのは、サンショウウオを調べ始めてからである。あまりの無知に、愕然としたものである。またその時、産卵場の発見は非常に難しく、全国でまだ３例しか見つかっていないことも知った。確かにこれまでの発見場所は1200ｍを超える高山で、しかも人跡未踏ともいうべき険しい山中である。容易には行き着けない場所である。そんな中での発見であった。したがって、長年発見できなかったのも無理はない。

しかし、宝達山はわずか637ｍの低山である上に、幼生の生息域は狭い。産卵場は、幼生の生息域のどこかにあるはずである。そのため、産卵場の発見はさほど難しいようには思えなかった。

また有難いことに、これまでの発見事例から「湧水のあふれ出す岸壁の割れ目（福島県枯木山）」や「滝壺のような底（栃木県男鹿川）」、あるいは「流水が奔出する巨岩下部の隙間（四国石鎚山）」などを探せば良いことが分かっている。

だったら私が４例目を発見してやろう。幼生が生息する水域の中から、「湧水のあふれ出す岸壁の割れ目」など、上記３例のような場所を夢中になって探し回った。どんなに探索しても見つからないため、ますますのめり込んでしまった。産卵場発見に取り付かれてしまったのである。

不幸なことに、宝達山の川には岸壁も巨岩もなかった。わずかに該当しそうな場所は、流水が落ち込む川幅約１ｍ、深さ約50cmの滝壺のような場所である。該当するのはここしかなかった。何度も何度も訪れ調査したが、卵嚢の破片すら目にすることはできなかった。箱メガネが壊れるまで、幾度となく水底を探したが、無理であった。

春の渓流は開けっ広げで明るいが、夏が近づくとともに木々やノイバラ、キブシなどが川面を覆い、歩くのも容易ではない。時に、四つ這いになって移動しなければならない場所もある。傷だらけになって到着し探すが、それでも見付からない。幼生がいながら、産卵場の見当すらつかない。文字通り、途方に暮れてしまった。

そして思い至ったのは、過去の発見例に捉われてはいけない、ということであった。ここには、岸壁も川を覆う巨岩もない。わずかに該当しそうな淵にも、卵嚢の破片すらない。過去の事例にこだわっていたのでは、永久に見つかりそうもなかった。過去の事例は一切捨て、有りのままを有りのままに見、探すことであった。

幼生が生息する水域は、限られている。そして５月になると、生息域の最下流部に３～４cm の小さな幼生が多数流下して来る。したがってこれらは、上流部のどこかで孵化し流れ下って来たものに違いなかった。そう判断し、最小幼生が多数見られる付近を重点的に探すことにした。

幼生が生息する上流部の渓流に、湧水が細流となって流れ込んでいる場所が幾つかあった。湧水口一帯は大小の石や土砂に覆われ、どこが湧水口か不明であったが、石をめくると多数の幼生が観察された。渓流に最も適応したとされる幼生が、なぜ流量・流速共に小さな細流で見られるのか不思議であった。疑問であった。図鑑にも、渓流に最も適応したのが本種であると記載されているではないか。もしここを常の生活場所としているなら、決して渓流適応型のサンショウウオとは言えない。だからきっと、増水時に危険を避け、一時的に入り込んだものに違いない。そのように納得し、ずっとそう思い続けてきた。

しかし、それにしてはいつでも多数の幼生が見られた。洪水がない時でも、多数の幼生が見られた。また渓流との間に約１m の滝があって、小さな幼生がこんな所を上って進入できるのだろうか、と思われる細流にも多数の幼生がいた。最早、洪水時の一時的な避難場所、と見なすわけにはいかなくなった。

そして思い至ったのは、「もしや、地下水中が産卵場なのではないだろうか？」であった。だからこそ、湧水口の細流に多数の幼生がいるのである。そうとしか思えなかった。そして、そう思い至った瞬間、該当する幾つもの場所が脳裏に浮かんできた。果たしてこれらの場所から、最小幼生が流出して来るであろうか。

３cm 大の最小幼生が出てくれば、産卵場であることは間違いない。

しかし、宝達山の正確な繁殖期、孵化時期も分からないのであるから、いつ湧水口に現れるのか見当もつかなかった。ともかく、切れ目なくそれらを訪れ、最小幼生の流出を確認する以外に方法はなかった。

何度も何度もそれらの場所を巡り、最小幼生の有無を確認した。夏、ブッシュ（藪）に覆われた川を、傷だらけになって調べた。冬、厚く覆われた雪を、ラッセルしながら産卵場を求めた。そして寝る前には、渓流の姿を脳裏に思い浮かべ、産卵場らしい場所が他にもないか点検するのが日課となっていた。ともかく産卵場を見付けたい。この目で見たい。そして幻の卵と言われる卵嚢を目にしたい。願いは、それのみであった。

◆ついに産卵場発見

1982年３月10日、標高450ｍにある湧水口付近を探していた時であった。一帯は厚く雪に覆われていたが、流水部のみは雪が解けて露出していた。そのため、湧水の流れ出ている部分を容易に見付けることができた。

湧水口付近の石や土砂を除去した時であった。これまでに見たこともない３cm程度の小さな幼生が流出してきた。驚くほど脆弱な体つきで、腹部にはまだ卵黄をとどめていた。最小幼生に間違いなかった。さらに奥を探しても同様であった。何度も土石を除去し先に進んでも、やはり幼生は現れた。したがって、奥に産卵場があることは間違いなかった。

岩礫や土砂に厚く覆われたガレ場を、夢中になって約３ｍ掘り進んだ時であった。安定した地層に突き当たった。本来の湧水口であった。ここから先は、大小の石ががっちり組み合わさった礫層となっており、その上を厚く表土が覆っていた。地下水は、礫層の上から下から溢れ出すように湧出していた。木々の根が水中に無数に垂れ下がり、それらに茶色に変色したビニール状の破片が幾つも絡み付いていた。その破片の手触りは、ヒダサンショウウオの卵嚢外被と同質で、人工物ではなかった。実物は目にしたことはなかったが、古い卵嚢の破片に間違いなかった。一層勇気付けられ、夢中になって先に進んだ。

湧水口から約70 cm 掘った時であった。白く輝く紡錘形の卵嚢が、石の下面に多数垂れ下がり、流水に揺れていた。1982年３月10日午前11時50分、水温10.0℃、気温9.8℃。正に、４番目の産卵場が発見された瞬間であった。やはり、産卵場は地下水中であった。予想は正しかったのである。

当時の野帳によれば、

「……湧水口の表土を取り除き、拳大前後の石を丁寧に外しながら、せめて卵嚢外被の破片でも観察できないかと調査するうち、水中に細かく網の目状に張った根に、ヒダサンショウウオの卵嚢外被によく似たものが無数に絡み付いているのが観察された。俄然勇気を得てさらに石を取り除いていくと、湧き出す水とともに汚れて褐色を呈した外被の破片が多数流出してきた。丸い円筒状の、長さ１cm ぐらいの破片で、内部にはヒダサンショウウオの卵嚢に見られるような透明なゼリー状物質が詰まっていた。

しかし、ヒダサンショウウオと異なり、破片から推測するに、円筒形状の一部と思われた。約70 cm 掘った頃、細い隙間の最も水がこんこんと湧き出す部分に、縦約５cm、横約15 cm の石ががっちりとはまり込んでいた。周囲を傷めないよう取り外したところ、その平らな下面に７対、14卵嚢が垂下していた。

白い光沢を放ち、半透明の膜を透して、淡黄色の胚のうごめくのが観察された。さらにその奥を窺うと、乳白色を呈した卵嚢が流れにかすかに揺れているのが観察され、まだ奥に多数の卵嚢が産み付けられているらしい様子であった。

石に産み付けられた７対の卵嚢は、その付着端ががっちりと、あたかもチューインガムを押し付けたように石に粘着されており、付着枝は３cm 程で長い。卵嚢主部は長さ５cm、幅は1.5 cm 以上あって、これまで写真で見たものよりかなり大きい印象であった。しかも卵数は、１卵嚢中に10卵以上あるようで、……。これ以上産卵場を荒らしては、今後産卵場としての機能を保てなくなるのではとの恐れから、１対のみを石から剥がし、他は再び戻し、現場を復元した」

　産卵場が地下水中にある。これまで、誰もが予想しなかった場所が産卵場であった。

◆えっ、産卵されたのは初冬？

「幻の卵」と言われる希少、貴重な卵である。１対の卵嚢のみを手にし、意気揚々と帰途に就いた。当日は快晴で、一面の銀世界の中、真っ青な空にマルバマンサクの黄色の花が咲き誇っていたのを今も忘れない。

　帰宅後、胚の発生状況を見たところ、外鰓と目の水晶体が認められた。また、前肢は棒状に伸長し、後肢はわずかに膨らんだ状態であった。卵嚢に触れるたび、胚はくねくねと盛んに屈伸運動をした。

　胚の発生状況から、11月下旬に産卵されたものと推定された。「えっ、11月下旬に！」。あまりの予想外に、我が目を疑った。「そんな馬鹿な。産卵期は晩春から初夏である。これは、まぎれもない事実である。それなのに初冬だなんて」。何度調べても、11月下旬に産卵されたものに間違いなかった。

　ハコネサンショウウオの繁殖期が初冬にある？　これまで、初冬産卵を示唆する研究者など、ただの１人もいなかった。そんな話、冗談でも聞いたことはなかった。文字通り皆無であった。あまりの事態に、大いに戸惑ってしまった。ひょっとして胚の発生が遅く、孵化までに１年を要しているのではないだろうか。そう考えなければ、説明がつかなかった。

　不思議なもので、１つ産卵場が分かると、他にもそうだと目される場所が幾つも浮上してきた。まだ３月である。繁殖期はこれからである。上手く産卵直後の卵嚢を発見できれば、産卵から孵化までに約１年を要していることが明らかになる。雪解け後の４月を待って、幾つかの産卵場推定地を調査した。

１つは、湧水口が緩斜面の基部にあって、その奥を調べるには容易な場所であった。また、湧水口周辺に繁殖期に特有の指に黒爪の現れた雌雄も観察され、繁殖期は間違いなく晩春から初夏であることを示していた。

地下水中を掘り進んでも、卵巣卵に満たされたメスが何度も観察され、産卵が間近であることを伝えていた。間違いなく産卵直後の卵嚢を手にすることができる。俄然勢いづいて掘り進んだが、残念なことに途中で一抱えもある幾つもの大石に遮られ、その先に進むことはできなかった。重機を使わなければ、その先の調査は不可能で、諦めざるを得なかった。

湧水口の周囲には、同様の大石がごろごろ転がっている。かつて何度も大洪水に見舞われた歴史がある。恐らくその時、上流から運ばれたに違いなかった。とはいえ、はっきりしたのは宝達山でも定説通り繁殖期は晩春から初夏にあることであった。

残された今一つの可能性は、細流が渓流に注ぐ直前になって現れる場所で、その上は大小の石や土砂に厚く覆われた急斜面である。そのため、本来の湧水口がどこにあるのか全く分からなかった。斜面を上ろうとすれば、大小の石がガラガラと崩れ落ち、歩くことすら危険な場所であった。しかし、残された有望な場所はここしかなかった。

５月27日、標高300ｍのこの地下水中から、５月中旬に産卵されたと推定される卵嚢を発見することができた。この発見によって、本種の繁殖期は間違いなく初夏にあることが明らかになった。後は念のために胚の発生を追い、孵化までに１年かかることをはっきりさせるだけである。定期的に産卵場を訪れ、胚の発生具合を観察した。

ところが予期に反し、５月中旬に産卵された卵は、約５カ月後の10月中旬以降、全て孵化してしまったのである。1930年代に発見された

３カ所の産卵場は、湧水の流出する岸壁の割れ目の奥や滝壺とでも言うべき底、あるいは渓流中にある巨岩下部の隙間で、流水が奔出しているような場所であった。

しかし宝達山の場合、先の３例とは全く異なり、産卵場は地下水中にあった。産卵数も、これまで発見されたものは平均12個であったが、宝達山ではそれより２倍も多い23個であった。また、孵化までに１年を要するものと思っていたが、５カ月後の10月中旬以降に孵化してしまった。予想外の連続であった。

では、３月10日発見の卵嚢は、いつ産卵されたものなのか。私はこれまで、あまりにも定説に捉われ、目前の事実をありのままに見ようとはしなかった。ともすれば過去の発見事例や研究結果に縛られ、無条件に受け入れようとしてきた。そして、自分が目前に見ている現実を、何とかそれに当てはめようと努めた。どうにかして、つじつまを合わせようとしてきた。

しかし、産卵場すら地下水中という前例のない場所である。であるなら、初冬繁殖個体がいても良いではないか。いや、事実は明らかに初冬繁殖を示唆しているのである。だったらそれが正しいことを、事実でもって証明すれば良いだけではないか。

初冬繁殖が示唆される標高450ｍの産卵場を、幾度となく訪れ調査した。そして同（1982）年12月25日、11月中旬に産卵されたと推定される多数の卵嚢を発見することができた。また翌（1983）年12月10日には、正に産卵直後の卵嚢を目にすることができた。かくして宝達山では、繁殖期が初夏と初冬の年２回あることが明らかとなった。

ハコネサンショウウオは、初夏だけでなく初冬にも産卵する。研究者の誰もが、想像すらしなかった発見である。これまでの学説を覆す新発見である。そのため長い間、この初冬繁殖の事実は受け入れられなかった。後にようやく、「石川県では初冬に産卵する個体もいる」と記す図鑑が現れるようになった。産卵場が地下水中、そして繁殖期が初夏ばかりでなく初冬にもある。これまでの定説を覆す発見であった。

◆初夏、初冬繁殖の親は同じ、それとも別？

しかしこれが、さらに一層大きな疑問を投げかける結果となった。すなわち、同じ親が初夏と初冬のいずれにも繁殖しているのか。それとも、初夏に繁殖する親と初冬に繁殖する親は、別物なのかという疑問である。

もし繁殖期の異なる親が存在するなら、それらは互いに生殖隔離された別種だということになる。ひょっとしたら、宝達山には2種のハコネサンショウウオが存在しているのかもしれない。もしこれが正しければ、それこそ大発見である。これまで、想像すらしなかった疑問である。単に産卵場を求めていたはずが、一層大きな疑問に突き当たってしまった。

これを解決するには、繁殖にやって来る全ての個体を捕獲し、個体識別する必要があった。そして、同じ親が、初夏、初冬のいずれにも繁殖しているのか。それとも、初夏と初冬に繁殖する親は別物であるのかを明らかにする必要があった。

しかし、どのようにすれば明らかにできるのだろう。思いついたのは、産卵場となっている湧水口をネットで囲み、サンショウウオの出入りを遮断する方法であった。有効であれば、識別は可能である。ともかくやってみることにした。

幸いなことに標高約300mの地点に、初夏と初冬の年2回、黒爪のある繁殖雌雄が現れる湧水口があった。しかも、3～4月の春と8～9月の秋の年2回、湧水口の奥から3cm大の最小幼生が現れることから、地下水中に産卵場があることは間違いなかった。

したがって、2種のハコネサンショウウオが存在するのか否かを明らかにできる絶好の場所であった。しかも湧水口は緩斜面の基部にあり、周囲の地盤も安定している。そのため、ネットを張ることも容易であった。また、すぐ近くまで車で来ることが可能で、勤務終了後に毎日調査するにも好都合な場所であった。

ネットが完成し、調査を始めて間もない頃のことである。以前に比べ、湧水量が減っているような印象を受けた。思い過ごしであろうと高をくくっていたが、日を経るごとに一層湧水量は減少し、ついにはわずかな流れとなってしまった。そのため、年２回現れていた３cm台の最小幼生も、ほとんど見られなくなってしまった。産卵場としての機能が失われてしまったのである。

当時、渓流の上流から水源にかけ、至る所で河川工事が行われていた。谷の斜面が削られて道路となり、ダンプカーが砂煙を上げて行き来していた。何台もの重機が、渓流を掘削していた。枠の中にコンクリートが流し込まれていた。産卵場推定地のすぐ上流でも、幾つもの堰堤・護岸工事が行われていた。湧水量が急激に減少したのは、工事で水脈が絶たれたために違いなかった。

初夏と初冬のいずれもが繁殖する場所であり、生殖的に隔離された２種のハコネサンショウウオが存在するか否かを明らかにできる絶好の場所であった。好機を逸し、心底落胆してしまった。ただただ再び湧水量が増し、産卵場として回復することを願うほかなかった。

短期間ではあったが、ここでの調査から、初夏繁殖雌雄がいつ頃から産卵場に現れるかはほぼ明らかになっていた。しかし初冬繁殖の親については、調査以前に湧水量が減少したため、産卵場への移動がいつ頃から始まるのか明らかにすることはできなかった。残念至極であるが、いつの日か水量が回復することを期待し、まずは初冬繁殖雌雄の移動時期をはっきりさせることにした。

◆初冬繁殖の湧水口をネットで囲う

初冬繁殖の卵嚢が発見された場所（標高450ｍ）は、一方が欠けたすり鉢状をした谷底の基部にあって、地盤は安定している。したがって、ネットを張るのは容易であった。難点は家から遠く、しかも産卵場が深い谷底にあるため、林道からの上り下りが大変なことであった。とはいえ、ここしかなかった。

産卵場は、胚の発生状況や孵化後幼生の成長調査のため、土砂が取り除かれて湧水口はむき出しになっていた。1984年9月、改めて発見時の状態に戻し、湧水口の周囲を縦2m×横1m×高さ0.5mに亘って細かなネットで囲った。そして、積雪で調査不能となる12月末まで調査した。また1985年から1988年までの4年間は、雪解け後の4月から、積雪で調査できなくなる12月まで毎日行った。

その結果、繁殖成体の産卵場への移動は、地温が20℃に下がる9月下旬頃に始まって10℃となる12月中旬頃で終わること、産卵は10月下旬頃に始まって12月下旬頃まで続くことが明らかとなった。また移動は繁殖成体に止まらず、越冬目的の幼成体が地温10℃に下がる頃から現れることも分かった。

また、ここでの繁殖は初冬のみと思い込んでいたが、地温が10〜20℃の4月中旬〜6月下旬にかけても、少数ながら繁殖個体の移動が見られ、5月中旬〜7月上旬の初夏にも繁殖していることも明らかとなった。また冬季の場合と同様、非繁殖個体も地温が20℃以上となる6月下旬までに移動を終え、地下で越夏することが判明した。そして7〜9月下旬までの約3カ月間は、幼成体の移動は全く見られないことが分かった。

では、初夏と初冬に繁殖する個体は、生殖的に隔離された存在なのか否かである。結論は、「生殖隔離されている」である。すなわち、同一個体が初夏と初冬のいずれにも繁殖するのではなく、生殖隔離された初夏繁殖個体群と初冬繁殖個体群の2つが存在することである。そして、初夏繁殖個体群を従来通りのハコネサンショウウオとするなら、初冬繁殖個体群は「ホウダツハコネサンショウウオ」とでも称すべき新種であろうと思われる。宝達山に2種のハコネサンショウウオが生息している。想像すらしていなかった発見であった。しかもこれは、宝達山に限った特殊な事例ではなく、温暖な低山帯を生息域とするハコネサンショウウオの場合、恐らく２種が混生しているものと思われる。

またこの調査から、本種の活動は地温10～20℃の範囲に限られ、20℃を超える夏季と10℃以下となる冬季は休眠する。そのため、活動期が約５カ月間に限られ、繁殖周期が毎年ではなく、オスでは２年に１回、メスでは３年に１回の個体が存在していることが明らかになった。

◆何があっても調査を休まない

調査は1984年９月から1988年11月までの51カ月間であったが、長期に亘って行うことは容易ではなかった。近くまでは車で来られたが、産卵場はすり鉢状の深い底にあるため、上り下りが大変であった。晴天の日ばかりではない。雨や雪の日でも、上り下りしなければならない。暴風の日でも、行かなければならない。しかも勤務終了後であるため、大概は真っ暗闇での調査である。ヘッドランプを点灯して上り下りする時、暗闇に緑色に輝く２つの丸い球が浮かび上がり、ぎょっとすることも度々であった。恐らくタヌキかキツネであろうが、怯えていると何でもが怖いのである。

中でも大変だったのは、積雪時の運転であった。林道は傾斜がきつい上に、曲がりくねっている。うっかりブレーキを踏もうものなら、スリップして谷底に真っ逆さまである。そんな危険に遭うたび、もうこんな調査はやめようと決心するが、次の日にはすっかり忘れて同じことをしている。

当時、耐水性のノートがあるなど、全く知らなかった。普通のノートを使用していたため、濡れると文字を書き込むことはできない。雨や雪の中では、濡れないよう傘をさして記録しなければならなかった。特に大変だったのは、暴風雨や暴風雪の時であった。傘を吹き飛ばされないよう、地面にへばりついて記録しなければならなかった。

調査は、気温や地温・水温を測って終わりではない。ネット周囲に板が敷いてあり、この下にサンショウウオが来ている（図22)。これらを家に持ち帰り、食事後に測定する。頭・胴・尾などの長さと体重を測り、ノートに記録する。また、指に黒爪があるか、足裏に黒色の小突起があるか、あるいは尾部が鰭状になっているかなど、２次性徴の有無を調べ記録する。しなければならないことはいっぱいある。最初は少なかった数も、20匹、30匹となると長時間を要する。そして翌日、これらをネット内に放す。勤務が夜中になっても、これを毎日繰り返した。危険な目にも遭ったが、多くの新しいことを知ることができた。もし、台風だ、雪だ、などと理由をつけて休んでいたら、決してこれらの成果は得られなかっただろう。

◆低山でも山は危険

山の厳しさを知ったのも、忘れられない思い出である。標高637ｍなど低山に過ぎず、子供の頃からの遊び場である。春はワラビ、ゼンマイなどの山菜採り、夏はイチゴ狩り、そして秋にはアケビやクリを採るのが日常であった。だから、宝達山など自分の庭のようなものであると思っていた。したがって産卵場発見は容易で、研究史上４例目を確実に手にすることができる、と高をくくっていた。

ところが、その思いが非常に安易で甘いものであることを、冬になって思い知らされた。11月になっても産卵場は発見できなかった。雨の中、林道を上って行くと突然、雨からみぞれに変わった。またしばらく行くと、前方の林道が横線を引いたように白くなり、ずっと先まで真っ白である。みぞれから雪に変わる境目であった。初めての体験に、感動しながら歩き続けた。しかし、その感動もたちまち吹き飛んでしまった。上るにつれて積雪量は多くなり、これ以上は林道を通って目的地に辿り着くことはできなくなってしまった。平地には、雪など全くない時期である。そのため、山も同じだろうと思っていた。全く安易な思い込みであった。

以後は雪の少ない渓流伝いの調査に切り替えたが、途中にはコンクリート製や鉄製の高い堰堤が幾つもある。その上に行くには、堰堤端の急斜面を上らなければならない。そこは、足をかけてもずるずると崩れ落ちるガレ場である。雪のない時でも大変なのに、さらに雪によって一層崩れやすくなっている。しかも、つかまるための枝やつるも雪の下である。目的地に辿り着くまでに、何度も何度もこれを繰り返す。辿り着いた時には、文字通りへとへとである。

産卵場が見つからない場合、さらにこれらの堰堤を乗り越えて上流を目指すことになるが、途中に滝でもあれば最悪である。滝を迂回して山腹を上ろうとするが、つかまるものは全て雪の下である。どんなに雪を踏み固めて上ろうとしても、蟻地獄に落ち込んだようにずるずると滑り落ちてしまう。時には倒木の間に落ち込み、身動きが取れなくなってしまったこともある。

ようやく抜け出し、ついには滝登りとなるが、たとえ低い滝であっても冬の滝は凍てついていて、無数の氷柱が垂れ下がっている。岩盤や割れ目には氷が張り付いている。岩盤の割れ目に指をかけて体を持ち上げていく緊張感、なぜこんな危険なことをやっているのだろうと何度思ったことか。それでも産卵場を発見したく、この繰り返しであった。

食料の選択も大変であった。雪のない時には、半日もあれば調査可能な場所でも、冬山ともなれば、目的地に辿り着くまでに長時間を要する。昼食持参で早朝から出かけなければならない。汗と雪に濡れて冷え込んだ体には、熱いご飯に味噌汁が最適であろうと、携帯弁当を持参したことがあった。ところが、いざ食べようとしても、渓流では弁当を広げる場所がないのである。雪山の斜面では立っているだけでも困難で、食べるどころではなかった。それでは、立っていても食べられるおにぎりがよかろうと持参したが、バリバリに凍り付いて食べられる代物ではなかった。最もよかったのは、パンやチョコレートと熱いコーヒーであった。

北陸の冬は雷が多い。そして度々、落雷もある。疲れ切った体で、ガレ場を下山中の夕暮れ時であった。突然、真っ白な光に包まれ、体がガーンと殴られたような衝撃を受けた。一瞬呆然とし、次いで雷が落ちたことを知った。無我夢中で、小型つるはしなど金属製の物を放り投げ、岩陰に身を隠した。既に遅いのであるが、反射的にこのような行動をとっていたのである。

これまでも落雷に遭遇してきた。そしてその轟音と、体を大きく震わす振動に何度も驚いた。しかし、どんなに近いといっても、稲光と轟音の間に多少の時間差があった。目前で雷が落ちるなど、初めての体験であった。その後しばらく、稲妻が光るたびにあの時のことが想起され、反射的に地面にへばりついたものである。

宝達山など、自分の庭みたいなものである。安易に山を見ていたが、周年を通して調査し、数多く命に関わる危険が潜んでいることを知った。山麓に生まれた子供にとって、遊び場は常に山であった。だから、山などたいしたことはない。安易に思っていたが、子供の遊ぶ山は、しょせん集落近辺の里山であった。たとえ低山であっても奥が深く、非常に危険な場所もあることを理解していなかった。このことを学べたのも、大きな収穫であった。

◆今では、一人で山に入るのは危険

今は一層危険で、調査困難な事態となっている。かつて子供の頃、ニホンカモシカ、ツキノワグマ、イノシシなど皆無であった。ところがサンショウウオの調査を始めてしばらくたった頃、初めてニホンカモシカを目撃しびっくりしたものである。

長年、宝達山中で炭焼きをしていた高齢者に聞いても、そんな生き物など聞いたことも見たこともないと言う。きっと偶然、遠くの高山から迷い込んで来たものに違いない、との話であった。しかしその後、何度

も目撃されるようになって現在に至っている。

ここ近年、ツキノワグマと遭遇するという、信じられない事態も起きている。過日も、ハコネサンショウウオ幼生を調査しようと谷川に下りた時であった。突然目前の藪が二つに分かれ、真っ黒な物が突き出た。前足で藪をかき分け、前方を見ようとしたクマの顔であった。目と目が合った瞬間、あまりの驚きに足がすくんでしまった。クマの方も、突然現れた人間に驚き、逃げてくれたから良かったものの、もし襲われていたら。そう思うと、今では危険で、一人で調査に行けなくなってしまった。

イノシシともなれば、集落の周囲にまで日常的に出没している。畑や田んぼなど、荒らし放題である。そのため、電気柵で囲わなければ栽培もできない事態となっている。山地渓流性のハコネサンショウウオといっても、ここ宝達山では里山を生息地としてきたのである。その里山が荒れ、クマやイノシシまで出没するようになった。寂しい限りである。

なぜ、身の回りのサンショウウオにしか興味が湧かないのだろう？

サンショウウオに興味・関心を持って調べ始め、40年になろうとしている。そしてその間の対象は、宝達山とその周辺のサンショウウオばかりである。それ以外の種、地域にはほとんど興味・関心が湧かなかった。国内どころか、外国にまで手を広げ調査している研究者仲間もいる中、なぜであろうか。

「比較のためにも、ぜひ別のサンショウウオも見てみるべきである。今度、一緒に調査に行こう」。このように誘われても、「ぜひ一緒に……」とはならないのである。自分でも不思議なくらいである。

1　良いフィールドを持っているから

ある研究者に言わせれば、「良いフィールドを持っている」からである。身近に良いフィールドがあって、調べ易いのも確かである。データを得やすいのも事実である。そのため、他地域にまで手を広げる必要は全くない。その通りである。

しかし、良いフィールドがあるといっても、決して簡単に手に入れたわけではない。身近にどんなに良いフィールドがあっても、根気よく探し求めなければ、決して手にすることはできない。幾つものハコネサンショウウオの産卵場、産卵場推定地を発見し、研究史上４例目、５例目となる卵嚢を手にした。

しかも、１つの卵嚢は初冬に産卵された物であり、今一つは初夏に産み付けられた物であった。そのため、宝達山では繁殖期が初夏と初冬の年２回あることが判明した。さらには、個体識別しながら長期に亘って調査した結果、生殖隔離された２種のハコネサンショウウオが存在していることが明らかになった。これら全て、前例のない発見であった。

しかしそれも、幾度となく山中を探し求め、ある限りの渓流を巡り歩いた結果である。決して簡単に手に入れたわけではない。

ヒダサンショウウオでは、谷川にネットを張って越冬移動時期や移動を促す要因を明らかにすることができた。雌雄を入れた産卵箱を谷川に置き、詳細な繁殖期を明らかにすることができた。また、念願だった産卵直後の卵嚢を手に入れ、発生段階図表を完成させることができた。それも、何年もかけて数多くの渓流を調べ上げ、各々の研究対象にふさわしい渓流を手にすることができたお陰である。

クロサンショウウオ幼生はホクリクサンショウウオ幼生よりずっと大きく、共食いも非常に激しい。だから、同じ池に繁殖するなど絶対にあり得ない。このように思い込んでいたが、偶然にも２種が繁殖する溜め池を発見し、大いに反省させられたものである。お陰で、それぞれの繁殖生態や同居可能な要因等、多くのことを知ることができた。

これも、繁殖終了後のクロサンショウウオの居場所を求め、池の周囲を丹念に調査したからである。もしこれをしていなければ、同所的に繁殖している稀有なフィールドなど、手にすることはできなかったであろう（文字通り、後に道路建設で消滅した）。

サンショウウオについて、幾つもの新しい知見を手にすることができた。より詳細な生態を明らかにすることができた。そして、記録として残すことができた。言うまでもなく、フィールドが良かったからである。他の研究者が羨むほどの素晴らしいフィールドが、文字通り身近にあったからである。

だからこそ、苦労して手に入れたフィールドに愛着があり、他地域にまで関心が向かなかったのであろうか。そのため、40年もの間、他所に目が向かなかったのであろうか。確かに良いフィールドがあったからである。確かにそうである。

2　次々と湧く疑問に、他所に目を向ける暇などなかった

しかし「自分の身の回りのサンショウウオにしか興味・関心が湧かなかった」のは、愛着のあるフィールドがあったからだけではない。

まずは大きな理由として、ハコネサンショウウオ、ヒダサンショウウオ、クロサンショウウオ、ホクリクサンショウウオを調べるだけでも、手に余る対象だったことである。調べれば調べる程、次々と新しい疑問が湧いてきて、留まることがなかったからである。１つ疑問が解決しても、さらに次の疑問が湧いてくる。そのため、他所に目を向けている暇などなかったのである。まずこれが大きな理由であった。

２つ目の理由として、自らが生まれ育った地域のサンショウウオを、できるだけ詳細に記録として残したい、との思いがあったからである。サンショウウオを調べ始めた当時、詳細に調査しまとめられた記録はほとんどなかった。あっても、１例報告のようなものばかりであった。であるなら、自分がしっかり調査し記録に残そう。そして、後にまで残る客観的な記録にまとめよう。こうしてサンショウウオ調査が始まった。

しかし、生物学に対する基礎知識も、科学的な調査方法も一切知らなかった。科学論文など、これまで一度も目にしたことはなかった。そのため、多くの論文を読み勉強した。そして、科学的・客観的にデータを集め、それをもとに統計的に処理し考察する手法に魅了された。これまで、体験したことのない世界だったからである。データを収集し分析し考察するのは、時に大変であった。しかし、身近なサンショウウオの生きる姿が、郷土史の一部として記録に残されていくのがうれしくてたまらなかった。

3　サンショウウオを通して郷土を語る

３つ目に、自分の故郷に棲むサンショウウオを、自分史の一部として見ていたのかもしれない。ハコネサンショウウオやヒダサンショウウオは、標高200ｍ以上の山地に棲んでいる。かつてそこはクリやクヌギの林で、そこから得られる栗は、大切な食料・おやつの一部であった。実りの季節ともなれば、子供たちは大人に連れられ栗拾いに行ったものである。

ハコネサンショウウオやヒダサンショウウオ幼生がそこにいるとも知らず、イタドリで水車を作り、夢中になって谷川で遊んだ。渇いた喉を、冷たい谷川の水で潤した。またそこには、集落の大人たちが営む炭焼き窯があり、炭を焼いて生活の糧としていた。顔が火照るのも忘れ、窯の中をじっと見つめていたものである。

後に、この窯跡近くの湧水口にハコネサンショウウオの最小幼生が現れているのを発見し、産卵場発見の契機となった。子供の頃に遊んだ近くに産卵場所があったなんて、不思議な縁を感じてならない。

宝達山は金山で、谷川斜面に金坑跡がぽっかり口を開けていた。そしてこの金坑跡には、「六左衛門殺し」の異名が付けられていた。金の採掘が盛んだった遠い昔、坑夫たちは血に穢れた体で坑内に入ることを忌み嫌った。穢れた体で入れば、落盤事故など大災害に見舞われ、命を落とすと恐れられていたからである。だから、死者の出た家、出産のあった家は、決して入ってはいけない掟となっていた。

六左衛門の妻がお産し、彼は坑内に入れなくなってしまった。しかし、それでは妻子を養っていくことはできない。責任者であった彼は、坑夫たちの反対を押し切って入坑した。そのため大規模な落盤事故が発生し、多数の坑夫たちが死んだ。こんな言い伝えから、「六左衛門殺し」の名が付けられていた。村人から、この話を何度も聞かされた。また山菜採りなどの折には、これがその坑道口であると教えられた。

谷川を挟んで、六左衛門殺しの反対側にも坑道が口を開けていた。かつて、蛍石を採掘した穴である。子供の頃、懐中電灯と金槌、たがねを手にし、蛍石を採ったものである。坑道には地下水が溜まり、冷たさで足がしびれるようだったが、懐中電灯に照らされ緑に輝く蛍石の鉱脈が美しく、何度も訪れたものである。

その後、これら２つの坑道は、多くの堰堤工事によって景観が一変し、その場所も分からなくなってしまった。ところが、ヒダサンショウウオやハコネサンショウウオ調査で何度も訪れるうち、この辺りが坑道のあった場所だと気付いた。子供の頃と景観は一変していたが、昔と変わらぬ巨岩があったことからである。

当時、私たちが「長谷（ながたん）の大石」と名付けた岩に間違いなかった。そして正にこの近くで、初夏産卵のハコネサンショウウオ卵を発見することができた。蛍石に夢中になっていたあの頃、まさかここにサンショウウオが棲んでいるとは思ってもいなかった。不思議なめぐりあわせに思えてならない。

クロサンショウウオが産卵する溜め池、ホクリクサンショウウオが産卵する谷津田の水路も、子供の頃の懐かしい風景である。溜め池で泳ぎ、魚釣りをした。水路でドジョウつかみをした。サンショウウオが棲み産卵する場は、子供の頃に遊び親しんだ景観そのものである。

同時にこれらの景観は、遠い過去から現在に至る、地域の人々の営々とした営みによって生み出されたものである。したがって、これらの景観が失われることは、過去から続く地域の生活や伝統文化が消滅することであり、地域そのものの消失を意味する。また同時に、この中で生きてきたサンショウウオの絶滅を意味する。

あるいは私にとって景観の喪失は、子供時代という自分史の土台を失うことを意味する。40年近くも地域のサンショウウオに捉われてきたのは、サンショウウオを通して郷土や自分史を語ろうとしていたのかもしれない。

そして今一つ地域に捉われたのは、祖父秋田喜一の影響も大きい。祖父は民間の考古学者であった。子供の頃、学校から帰って来ると、いつでも分厚い英語の本を手にしていた。ルーペで、土器の破片を覗いていた。そしてそれらを詳細に描写していた。
「じいちゃん、こんな難しい英語の本が読めるの」。こんな疑問に、「文章は簡単だから、専門用語さえ覚えれば、すぐ分かるようになるよ」と答えてくれたものである。

忘れられないのは、本を出版し、その記念講演が自宅で開かれた時であった。祖父は白い布に覆われた演壇を前に、村人や考古学関係者にこれまでの研究成果を熱心に語った。話は難しく、さっぱり分からなかったが、研究に対する誠意、熱意のみは伝わってきた。本の題名は『能登宝達山周辺の遺跡』であった。いつか自分も、祖父のようなことをしたいと思った。何かは分からないが、漠然とそんな祖父のようになりたいと思った。

同時に祖父は、俳人でもあった。作句のため、私たち孫を連れて宝達山や周辺の里山を巡った。「この山に　生まれ死ぬなり　蚊帳涼し」。よほど故郷の山、宝達山が好きだったのであろう。今でも心に残る祖父の俳句である。宝達山とその周辺にずっと捉われ続けたのは、祖父の影響も大きかったようである。

おわりに

時代の変わりように驚かされる。子供時代の景観は、一変してしまった。生活様式も、子供時代とは大きく変わった。40年前、サンショウウオの調査を始めた頃、周囲にはまだまだ豊かな自然が残されていた。子供時代とあまり変わらぬ景観も残っていた。だから、身の回りの生き物も、いつまでも居続けるものと思い込んでいた。と言うより、居なくなってしまうなど、想像すらしていなかった。

サンショウウオ調査を始めて少し経った頃、ある研究者から「こんな研究、いつまでできるか分かりませんよ。やるのだったら、今のうちですよ」と言われ、その意味が理解できなかった。向こうは専門の研究者である。それに対し私は、サンショウウオが好きでやっているだけのアマチュアである。だから、私のような素人の研究など、科学的研究の進歩によって、たちまちついていけなくなる。できるのは、今しかない。そう言ったのだと誤解し、むっとしたことを覚えている。しかし後、生息環境が一変したことを目の当たりにし、「そうだったのか」と大いに反省させられたものである。

かつて家の周囲は田んぼで、ギンヤンマが無数に飛び交っていた。身近なトンボで、夏の風物詩であった。ところがそんなトンボがいなくなってしまうなど、思ってもいなかった。ある時期から、忽然と消えてしまったのである。当たり前のものが、目の前から消えてしまう。まるで化かされているようで、不思議な感覚であった。

消えたのは、ギンヤンマだけでなかった。子供の頃には当たり前だったドジョウやタニシも、川や田んぼから消えてしまった。里山の田んぼも放棄され、藪となった。あるいは杉苗が植えられた後、手入れされないまま放棄され、薄暗い森となっている。里山の雑木も切られ、春の新緑や秋の紅葉も少なくなった。

かつて子供の頃、ニホンカモシカ、イノシシ、あるいはツキノワグマなど、全くいなかった。図鑑で目にするだけであった。だから子供だけで、自由に野山を駆け回ることができた。宝達山に珪化木という木の化石が出ると聞けば、子供たちだけで奥深い山中を幾度となく往復した。大人になってその現場を訪れ、「子供たちだけで、よくもまあこんな遠いところまで来ていたものだ」とびっくりしたものである。

それが今、里山の田畑はイノシシに掘り返され、まるで耕されたようになっている。畑道の路肩は削り取られ、やせ細ってしまった。無くなるのも、時間の問題である。そして今、イノシシは集落の周辺を徘徊するまでに増えている。電気柵で囲わなければ、田んぼも畑もできなくなっている。

ツキノワグマも、当たり前のように出没するまでになった。ある時、調査を終えて帰宅途中、林道のカーブを曲がった先に、黒いカッパを着た男が背を向けて座っているではないか。「なんと危ない。もう少しで轢くところだった」。あわてて急ブレーキを踏み、注意をしようと車のドアに手をかけた時であった。男がこちらを振り向いた。

「あれっ、人間の顔でないみたい」。口の先がとがっている。クマの顔だったのである。クマはふてくされたようにのっそりと立ち上がり、ゆっくりと路肩下の藪に入り込んだ。しかしそれ以上は逃げるそぶりもなく、首を左右に振りながらこちらを見ているだけであった。まるで人間への恐れなど、全くないようであった。

またハコネサンショウウオ幼生の調査中、谷川に下りようと車を降りた途端、目前でクマに出くわし肝を冷やしたのも、つい最近のことである。もはや一人で山中に入るなど、危険でできなくなってしまった。

「こんな研究、いつまでできるか分かりませんよ」。あの研究者は、このような現実が来るだろうことを予期し、私に伝えていたのであろうか。そして、だからこそ調査可能な今のうちに徹底して調べ、記録として残しておかなければならない。こう語っていたのであろうか。後に、とんでもない誤解をしていたことに気付き、時間を惜しんで調査し記録にまとめてきた。お陰で、十分とは言えないまでも、生態の大筋はほぼつかむことができたと思っている。

中でも、宝達山のハコネサンショウウオは、初夏のみならず初冬にも産卵していること、そして生殖隔離された２種が存在していることを明らかにすることができた。心残りは、２種のハコネサンショウウオを手に入れることが困難となり、DNA 解析ができないことである。

サンショウウオの調査・研究を始めて40年。その時々のことが、つい昨日のことのように脳裏に浮かんでくる。長いようであり、つい昨日のことのようでもある40年であった。

初代いしかわ動物園園長の宮崎光二先生には、研究当初から調査の仕方、論文の提供、論文のまとめ方など様々にご指導いただいた。心より感謝申し上げます。

主な自著参考文献

本著を書くに当たって、以下の自著を参考にした。

秋田喜憲（1982）『宝達山の山椒魚』自刊

秋田喜憲（1982）「ハコネサンショウウオの成長」『両生爬虫類研究会誌』23:1-4

秋田喜憲（1982）「宝達山のハコネサンショウウオの産卵場」『爬虫両棲類学雑誌』9 (4):111-117

秋田喜憲（1983）「赤蔵山産アベサンショウウオの全長と頭長、胴長、尾長の相関」『両生爬虫類研究会誌』25:17-19

秋田喜憲（1983）「ハコネサンショウウオの冬期産卵」『両生爬虫類研究会誌』26:1-6

秋田喜憲（1984）「クロサンショウウオの産卵と幼生の成長」『両生爬虫類研究会誌』28:1-14

秋田喜憲（1984）「繁殖期のクロサンショウウオ雄の水中滞在期間」『両生爬虫類研究会誌』30:19-22

秋田喜憲（1985）「繁殖期の宝達山産ハコネサンショウウオ」『両生爬虫類研究会誌』31:1-6

秋田喜憲（1985）「ヤマアカに予知能力があるか」『両生爬虫類研究会誌』31:7-9

秋田喜憲（1985）「宝達山の冬期産卵場へのハコネサンショウウオの産卵と越冬のための移動」『両生爬虫類研究会誌』31:18-19

秋田喜憲（1993）「宝達山のハコネサンショウウオの孵化」『自然誌研究雑誌』 1 :47-50

秋田喜憲（1993）「活動に適した地温」『動物たちの地球』97:11　週刊朝日百科　朝日新聞社

秋田喜憲（1996）「ハコネサンショウウオ」『日本動物大百科』 5 :20

平凡社
秋田喜憲（1997）「第Ⅳ部両生・爬虫類　5．ハコネサンショウウオ」*Onychodactylus japonicus* (Houttuyn, 1789): 316–321　日本の希少な野生水生生物に関する基礎資料(Ⅳ)　社団法人　日本水産資源保護協会
秋田喜憲（1998）「石川県のサンショウウオ類」『いしかわ人は自然人』43:16-19　橋本確文堂
秋田喜憲（2000）「クロサンショウウオの産卵場所選択」『両生類誌』4:13-17
秋田喜憲（2001）「ヒダサンショウウオの発生段階図表」『両生類誌』7:15-26
秋田喜憲（2001）「宝達山のヒダサンショウウオの越冬と繁殖のための移動」『両生類誌』7:33-38
秋田喜憲（2001）「押水町の動物相」『図説/押水のあゆみ』44-67　旧押水町（現宝達志水町）
秋田喜憲（2005）「小型サンショウウオの繁殖生態」松井正文（編）『これからの両棲類学』40-51　裳華房
秋田喜憲（2009）「ハコネサンショウウオの年2回産卵について」『両生類誌』19:1-12
秋田喜憲（2009）「ヒダサンショウウオの産卵を刺激する流水の効果」『爬虫両棲類学会報』2009(1):109-111
秋田喜憲（2009）「石川県宝達山のハコネサンショウウオの繁殖生態」『爬虫両棲類学会報』2009(2):116-123
秋田喜憲（2010）「ハコネサンショウウオの初夏・初冬産卵幼生の成長」『両生類誌』20:1-13
秋田喜憲（2010）「ホクリクサンショウウオの移植」『爬虫両棲類学会報』2010(1):22-30
秋田喜憲（2010）「ホクリクサンショウウオ幼生の成長」『爬虫両棲類

学会報』2010(2):113-120
秋田喜憲（2010)「危機に瀕する宝達山のサンショウウオ」『能登の文化財』44:55-62　能登文化財保護連絡協議会
秋田喜憲（2011)「宝達山産ハコネサンショウウオの初夏・初冬繁殖集団の形態形質の比較」『爬虫両棲類学会報』2011(1):1-7
秋田喜憲（2011)「宝達山におけるヒダサンショウウオ幼生の生活史」『両生類誌』21:1-16
秋田喜憲（2011)「宝達山のハコネサンショウウオ」『いしかわ自然史』54:2　いしかわ自然友の会
秋田喜憲（2011)「宝達山のハコネサンショウウオ　Ⅰ.産卵場発見記」『両生類誌』22:17-27
秋田喜憲（2012)「宝達山のハコネサンショウウオ　Ⅱ.産卵場発見記――繁殖期が２回ある？」『両生類誌』23:14-25
秋田喜憲（2013)「宝達山のハコネサンショウウオ　Ⅲ.産卵場発見記――繁殖期の異なる２つの個体群がいる？」『両生類誌』24:7-20
秋田喜憲（2014)「宝達山のハコネサンショウウオ　Ⅳ.繁殖期の異なる２つの個体群がいる」『両生類誌』25:4-18
秋田喜憲（2015)「宝達山産ヒダサンショウウオの生態を探って」『両生類誌』27:9-24
秋田喜憲（2016)「石川県宝達山山麓のホクリクサンショウウオ　Ⅰ.繁殖生態」『両生類誌』29:5-19
秋田喜憲・宮崎光二（1991)「宝達山のハコネサンショウウオの移動と繁殖周期」『爬虫両棲類学雑誌』14(2):29-38
秋田喜憲・宮崎光二（1995)「同所性のホクリクサンショウウオとクロサンショウウオにおける産卵の比較」『石川県高等学校生物部会会誌』31:37-46
秋田喜憲・宮崎光二（2009)「宝達山におけるヒダサンショウウオの繁殖生態」『爬虫両棲類学会報』2009(1):30-39

秋田　喜憲（あきた　よしのり）

昭和21（1946）年石川県押水町（現宝達志水町）生まれ。昭和45（1970）年金沢大学教育学部卒業後、小学校に勤務。平成８（1996）年より11年間町内小学校長を務め、平成19（2007）年３月退職。教育関係の著書として『21Ｃ小学校新教育課程のコンセプト解説６　学校と家庭・地域連携の方法』（明治図書）一部執筆、『「早寝、早起き、朝ご飯」が子どもを変えた』（北國新聞社）を出版。昭和62（1987）年、県内理科教育振興の功績により越馬科学賞、平成24（2012）年、環境保全に尽力したことで県知事表彰、平成30（2018）年にはサンショウウオの調査・研究の功績で、みどりの日環境大臣表彰「調査・学術研究部門」受賞。著書、論文多数。日本爬虫両棲類学会、日本両生類研究会会員、環境省希少野生動植物種保存推進委員、宝達志水町文化財保護審議会委員。

石川県能登宝達山のサンショウウオ物語
— サンショウウオに魅せられて40年 —

2018年12月25日　初版第１刷発行

著　者　秋田喜憲
発行者　中田典昭
発行所　東京図書出版
発売元　株式会社 リフレ出版
〒113-0021　東京都文京区本駒込 3-10-4
電話 (03)3823-9171　FAX 0120-41-8080
印　刷　株式会社 ブレイン

ISBN978-4-86641-191-0 C0045
Printed in Japan 2018